孝經文獻叢刊 第一輯

曾振宇 江曦 主編

孝經集解

（外二種）

下

【清】趙起蛟等 撰 邵妍 整理

上海古籍出版社

孝經詳說序

嘗謂孝屬庸行，何著之爲經？蓋以水源木本，聖凡不異，今古同然也。其書自漢唐以來，鄭注、邢疏不一，其人要皆各出己見以期發明經義而已。操觚之士，因場屋標題試論，概視爲弋取功名之具，臨文勦襲，幾使正旨弗彰。夫天性未敦，彝常莫講，此人心世道之憂，不獨區區文字之故也。余每思論定一書以正海内，緣戴星衡文，年年未暇。

己卯嘉平，校士初竣，牟陽冉太史適以《孝經詳説》見貽。篝燈細讀，其考證源流，則如淄澠之不可混；分别同異，復令毫髮之無可疑。識超衆有，美集諸家，直使天經地義千古爲昭。嗚呼！説之不詳，則守之不約。太史之教天下以詳，正教天下以約也。其《四書詳説》已爲士林標準，是集并當樹鵠藝圃，遠紹昔聖之心傳，近贊國朝之文治，以正人心，以淳風俗。有功名教，豈淺鮮哉？抑聞太史笥中尚有諸經《詳説》待付剞劂，吾知得見一斑，未窺全豹，四方學人必與余同抱此憾。而大慰余懷，并慰四方學人之懷，太史其有意乎？

康熙三十八年歲次己卯嘉平穀旦，督學使者濟南年家弟胡世藻敬識於大梁官署之澄懷堂。

孝經詳說自序

世所習《孝經》十八章，出之漢初顔芝子貞，以隸書，謂之今文《孝經》；孔壁所出二十二章蝌蚪文字，謂之古文《孝經》，經文大較相似。劉向以顔本比古文，除其繁惑，定爲十八章。其後宗今文者，用鄭氏注，而論者謂非康成之書；宗古文者，用孔安國傳，而論者謂出劉炫僞作。是此非彼，各持一議。唐明皇自注《孝經》，以十八章爲正，書勒國學，是爲石臺《孝經》。當時命元行沖作疏，及宋邢昺廣之爲《正義》，列於《十三經註疏》中，而今文行，古文廢矣。司馬温公獨信古文，作爲《指解》。朱子據温公本爲《刊誤》，分經一章，傳十四章，倣更定《大學》之例，未及注釋，學者不得宗而習焉。元鄱陽董季亨遵《刊誤》作注，名爲《孝經大義》，而其書未盛行。明季黄梅瞿罕從朱子所定爲《孝經貫注》，以朱子所删爲《孝經存餘》；又有《考異》《對問》上之朝，未蒙頒行，世鮮知者。此《刊誤》之所以終爲廢格也。陳士賢之注藍本《注疏》，言簡意正，讀今文者奉爲科律。吾鄉吕忠節公介孺著《孝經本義》《大全》《或問》，識解洞徹，援引詳備，於今文之學集厥成矣。然意在進呈，頗有浮誇語，非儒者注經之體，而於王門支流，如近谿、海門輩，世所指爲怪誕不經者，亦録其言，使人駭異，蓋瑜中之瑕不相掩矣。

余嘗欲依朱子《刊誤》作訓，斟酌董、瞿之善否而損益之。購其書未獲，又恐於場屋所用，有方枘圓鑿之嫌，故緩之。乃反復於十八章，彙輯群言，參以己見，謂之《詳説》，大抵取之《本義》《大全》者居多。夫學者派出姚江，率皆自任聰明，驅經從我，不肯俛首虚心體會古人之意。而介孺於是經討究不遺力，大而提綱挈領，小而因文敷義，補罅疏壅，抉疑剔謬，使聖賢授受精神躍然欲出。且於朱子之言數數標舉，雖與《刊誤》不相符，而未嘗一語涉詆毁，視姚江家專尋朱子之短者，有霄壤之異。介孺其始染姚江，卒歸正學者歟！《大全》所採，或沿舊聞不能割棄，余爲芟十之二三，如蠅點白，去而益瑩。起介孺於今日，能不爲之首肯哉？余所以踵《大全》之後而爲《詳説》者，意蓋如此。若夫全經之藴，以人性爲根柢，以愛敬爲發用，與天地相流通，與治道相表裏，貴賤同揆，幽明無閒。余不能窺其精深，言之而不能暢，覽者其自得焉！因書以告同志。

時康熙己卯中秋，牟陽冉覲祖書於村居之遂初書舍。

凡例

一、唐明皇注、宋邢昺疏，列諸《十三經》中，雖無甚精深，要不可廢。注本簡，故備録之；疏頗繁，故節取之。

一、陳士賢，明之名儒，所注《孝經》《小學》，久爲士林傳誦。立言純正，不雜異學。以愚説質之，同者八九；即有不同，亦不敢遽謂今是而前非也。

一、吕介孺注《孝經》，有《本義》，有《大全》，又有《或問》。今於其大注標以《本義》，分注標以《大全》，大注、分注並採，標以《本義》《大全》。能集諸家之長，以補經文之缺，學者細心讀之，孝道之宏綱細目，無不燦然明備矣。愚實資之以成書，不敢掩其美也。若其涉陽明家言者，悉爲芟削，更欲取《大全》而重録之，以俟徐議。

一、蔣氏《講意先鞭》，愚所童而習者，今繹其言亦頗聯貫，間爲採入數條，以存舊聞。

一、愚所纂《四書詳説》業已公諸海内，各經《詳説》並藏於笥。是經易辨，故先以付梓。臚諸説於前，附己見於後。旨以綜其要領，講以疏其文義，但求其詳，不避其淺，愚纂書之例槩如是也。

一、朱子《刊誤》，學者多有未睹。今既以習見者垂訓於世，亦宜令其知有朱子更定之意，故載於十八章後，以俟好學深思者有所興起。吕氏《或問》有足考鏡源流、昭揭指歸者，亦摘其要，而以愚見爲之參評焉。

孝經詳説卷一

牟陽冉覲祖輯撰

開宗明義章第一

《疏》：開，張也。宗，本也。明，顯也。義，理也。言此章開張一經之宗本，顯明五孝之義理，故曰《開宗明義章》也。第，次也。一，數之始也。以此章總標，諸章以次結之，故爲第一，冠諸章之首焉。按《孝經》遭秦坑焚之後，爲河間顔芝所藏，初除挾書之律，芝子貞始出之。長孫氏及江翁、后蒼、翼奉、張禹等所説皆十八章。及魯恭王壞孔子宅，得古文二十二章，孔安國作傳。劉向校經籍，比量二本，除其煩惑，以十八章爲定，而不列名。又有荀昶集其録及諸家疏，並無章名，而《援神契》自《天子》至《庶人》五章，唯皇侃標其目而冠於章首。今鄭注見章名，豈先有改除，近人追遠而爲之也？御注依古今、集詳議，儒官連狀題其章名，重加商量，遂依所請。

《大全》：卷帙既多，不得不分章次，但題名非古也。今文、古文皆有。古文首二句爲「仲尼閒居，曾子侍坐」，「子曰」有「參」字，「夫孝」二句各無「也」字。今文爲《開宗明義章》。

仲尼居，曾子侍。

《注》：仲尼，孔子字。居，謂閒居。曾子，孔子弟子。侍，侍坐。

《疏》：「居，謂閒居」者，古文《孝經》云「閒居」，蓋謂乘閒居而坐。「侍，謂侍坐」者，言侍孔子而坐也。案古文云「曾子侍坐」，故知「侍」謂坐也。卑者在尊側曰侍，故經謂之「侍」。凡侍有坐有立，此「曾子侍」即侍坐也。《曲禮》有「侍坐於先生」「侍坐於所尊」「侍坐於君子」。據此而言，明侍坐於夫子也。

按：邢《疏》云孔子以曾子能通孝道，故授之業，作《孝經》。《孝經》只是孔子言孝之書，非孔子自作也。邢《疏》又云：假因閒居，自標自字，稱「仲尼居」；呼參爲子，稱「曾子侍」。以聖著書爲假，其説尤謬。居侍，自是師弟之常。

子曰：先王有至德要道，以順天下，民用和睦，上下無怨，女知之乎？

《注》：孝者，德之至、道之要也。言先代聖德之王，能順天下人心，行此至要之化，則上下臣人和睦無怨。

《疏》：言先代聖帝明王，皆行至美之德、要約之道，以順天下人心而教化之，天下之人被服其教，用此之故，並自相和睦，上下尊卑無相怨者。參，汝能知之乎？訓「順」字甚明，當爲定説。

陳注：至者，至善之義。要者，簡約之名。道也，德也，一也。自其得於心而言曰德，自其行於身而言曰道。德之至，即所以爲道之要。

《本義》《大全》：德者，人所得於天之性。道者，事物當然之理。「上下」，統下文天子、諸侯、卿大夫、士、庶人而言。孔子言古先聖王有至極之德、切要之道，以順天下，而天下之民一歸於順，故協和雍睦，上與下俱無怨尤，女知此否？蓋孔子欲傳孝道於曾子，而其道至大，難以輕言，故先發端以起問也。董鼎曰：德者，人心所得於天之理，仁、義、禮、智、信是也。此五者皆謂之德，而此舉其德之至。道者，事物當然之理皆是，而其大目則父子也，君臣也，夫婦也，昆弟也，朋友之交也。此五者，即仁、義、禮、智之性，率而行之，以爲天下之達道者也，皆謂之道，而此獨舉其道之要。順者，不過因人心天理所固有，而非有所强拂爲之也。　潛室陳氏曰：道謂事事物物當然之理，德乃行是道而實有得於心者，在一人身上，只是一箇事物。　吴氏曰：爲下者，順事其上，而上無怨於下；爲上者，順使其下，而下無怨於上。天地之間，一順充塞，九族既睦，百姓昭明，黎民於變時雍。人人親其親，長其長，而天下平，唐虞、成周之盛也。看「順」字稍别。

按：首提先王，從大處説起。「至德要道」，串看在己爲至德、行之天下爲要道，暗指孝説，且勿説破。「以順天下」，「順」字當玩，謂順天下之人心，而教之孝，是人心所同然。以所同然教之，故曰「順」。「教」字從下文「教所由生」看出。「民」字承「天下」來。「和睦」，推開説天下之民皆孝，推之無不盡善，因以和協親睦，而上下尊卑舉無怨惡也。和睦故無怨，一串意。「用」字猶「以」字。　孝則必弟，更能不犯上作亂，則下盡其道，自然上之待下亦各盡其道，有不和睦而無怨乎？　吕氏謂「上下」統天子、諸候、卿大夫、士、庶人而言。愚謂「上下」當泛言，不必泥此。

曾子避席，曰：參不敏，何足以知之。

《注》：參，曾子名也。禮，師有問，避席起答。敏，達也。言參不達，何足知此至要之義？

《疏》：參聞夫子之説，乃避所居之席，起而對曰：「參性不聰敏，何足以知先王至德要道之義？」

《本義》：曾子聞孔子之言甚大，瞿然起敬，避席立對。

按：孝者，曾子所素聞，而此未露「孝」字，但言「至德要道」，故曾子以爲不知。

子曰：夫孝，德之本也，教之所由生也。復坐，吾語汝。

《注》：人之行莫大於孝，故爲德本。言教從孝而生。曾參起對，故使復坐。

《疏》：既敘曾子不知，夫子又爲釋之曰：夫孝，德行之根本也。釋「先王有至德要道」，謂至德要道元出於孝，孝爲之本也。「教之所由生也」，此釋「以順天下，民用和睦，上下無怨」，謂王教由孝而生也。孝道深廣，非立可終，故使「復坐，吾語汝」也。

《本義》《大全》：孔子告之所謂「至德要道」者，非他，孝也。孝統衆善，爲德之本。本，猶根也。行仁必自孝始，而教化由此生焉，所以爲德之至、道之要也。語將更端，曾子猶立，故命之復坐而詳語之。虞氏淳熙曰：夫子言孝，不只是孝德。凡是道德都是他資助、都是他推移出來。譬如樹木有根本，就生枝葉，誰人止遏得住？莫看這孝小了。董鼎曰：聖人以五常之道立教，本立則道生。移之以事君，則忠矣；資之以事長，則順矣；施之於閨門，則夫婦和矣；行之於鄉黨，則朋友信矣。充擴得去，舉天下之大，無一物不在吾仁之中，無一事不自吾孝中出，故曰「教之所由生」。朱鴻曰：孝乃仁之本原，仁乃心之全德。仁主於愛，而愛莫切於愛親，故孝爲德之本。本立則道生，自然親親而仁民，仁民而愛物，以至綏中國、保四海，無一物、無一事不在吾孝之中。吴氏曰：孔子之言未竟，又將更端，以曾子避席起立，故命之還坐而聽也。

按：孝乃百行之根基，凡德皆從孝起，故孝爲德之本。上之所以教家國天下者，固非一端，而皆由孝而推，故又爲教所由生。二句亦是一串意。邢《疏》以「德之本」釋「至德要道」，以「教由生」釋「順天下」至「無怨」。愚謂「教所由生」，推所由，未及施教，只當以「德之本」應「至德」，「教由生」應「要道」。有此至德要道，故可以順天下而教之，以致和睦無怨也。此二句收完「先王」數句意。「復坐」以下，教曾子以所當盡之孝也。中有「事君」云云，自是不屬先王。

身體髮膚，受之父母，不敢毁傷，孝之始也。立身行道，揚名於後世，以顯父母，孝之終也。

《注》：父母全而生之，己當全而歸之，故不敢毁傷。言能立身行此孝道，自然揚名後世，光顯其親，故行孝以不毁爲先，揚名爲後。

《疏》：身謂躬也，體謂四肢也，髮謂毛髮，膚謂皮膚。「父母全而生之，己當全而歸之」者，此依鄭注引《祭義》樂正子春之言也。言子之初生，受全體於父母，故當常自念慮，至死全而歸之。曾子「啓手啓足」之類是也。毁謂虧辱，傷謂損傷，故夫子云：「不虧其體，不辱其身，可謂全矣。」及鄭注「見血爲傷」是也。「言能立身行此孝道」者，謂人將立其身，先須行此孝道也。其行孝道之事，則下文「始於事親，中於事君」是也。

陳注：凡人之身，舉其大而言，則一身四體；舉其細而言，則毛髮肌膚，此皆受之於父母者。爲人子者,愛吾父母,因以愛吾父母所遺之身,常須戰兢戒慎,不敢少有毁傷,此行孝之始也。又須以道修身,卓然自立,大行於天下,流聲於後世,使萬世而下賢其子,因推本其所生之自,而以光顯其父母,此行孝之終也。

《本義》《大全》:言人之身,父母全而生之,子當全而歸之。一有虧毁損傷,是爲虧體辱親。樂正子下堂傷足,憂形於色,蓋爲此也。又言孝非惟不毁而已,必卓然植立此身於天地之間,不愧不怍。道則身之所當行者,窮則獨行其道,達則大行於天下。雖無意求名,而名自稱揚於後世,遡流窮源,即父母亦有顯榮。若行孝不至揚名顯親,未得爲立身也。始終,非分先後,猶言孝之始基,孝之完全爾。立身行道揚名,所包最廣,不專指得位事君者言。事君,特行道揚名中一事爾。身者,天地之所付也,父母之所遺也。天地、父母原不虚生此身,撑天柱地,致君澤民,繼往開來,光前裕後,爲法可傳,只此一身承當。一有傾頽顛墜,依倚摇奪,便立不住。所以必要孑孑楚楚、磊磊落落,站得住,仰不愧於天,俯不怍於人,中立不倚,獨行不懼,昂然爲天地完人、父母肖子;富貴功名,是非毁譽,人情世故,都摇動不倒,方是立身本領。得位事君,固是行道,所謂「達可行於天下而後行之者也」。道必行如此而後大,然亦不必專指得位。孟子曰:「得志與民由之,不得志獨行其道。」董鼎曰：始言保身之道，終言立身之道。蓋不敢毁傷者，但是不虧其體而已；必不虧其行，而後方可立身，故以是終之。

按：「身體髮膚」一段，照曾子身分説，猶《中庸》告子路「抑而强」之意。身體髮膚，父母生之，在子則爲受之。守身所以事親，故爲孝之始。不然，奉親之遺體而致毁傷，又可言孝乎？立身以人品言，卓然自立，行必合道，不但揚名當時，而且及於後世，使人皆推論其親之積善，乃有賢子如是，以光顯其父母，則爲孝之終事也。不敢毁傷以愛身言，是淺處工夫，故曰「始」；立身行道，揚名顯親，則有許多事，孝道盡矣，故曰「終」。《注》《疏》以「道」爲孝道，太拘。只是行其所當行之道，泛説爲是。吕氏謂立得定，方行得不差，認「立」字、「行」字小巧。行道便是立身事，非兩層。立身行道，揚名顯親，下文「事君」正在此内看出，則行道還是得君行道，方有照應。若此處説獨善，則下文事君無著落。

夫孝始於事親，中於事君，終於立身。

《注》：言行孝以事親爲始，事君爲中。忠孝道著，乃能揚名榮親，故曰「終於立身」也。

《疏》：事親、事君，理兼士庶，則終於立身，此通貴賤焉。鄭玄以爲「父母生之，是事親爲始。四十强而仕，是事君爲中。七十致仕，是立身爲終」。劉炫駁云：「若以始爲在家，終爲致仕，則兆庶皆能有始，人君所以無終。若以年七十者始爲孝終，不致仕者皆爲不立，則中壽之輩盡曰不終，顔子之流亦無所立矣。」

陳注：夫所謂孝始於聚百順以事親，中於盡一心以事君，而終於敦百行以立身。蓋孝以事親，猶爲人子之常，必其得君而事，能以親之身廣親之志，移孝以爲忠，乃全事親之道。然一行未敦，而身有不立，則即爲忠孝之虧，故其終尤在能立其身。斯爲宇宙之完人，而稱孝道之極也。

《本義》《大全》：申結上文之意，孝本愛親，故以事親爲始；行道揚名，非事君不能全盡，故以事君爲中；立身行道，以全親之所付方可以爲人子，故以立身爲終。事親立身，循環無端，而事君者，所以光大其始終也。　《曲禮》曰：凡爲人子之禮，冬温而夏凊，昏定而晨省。　又曰：爲人子者，出必告，反必面；所遊必有常，所習必有業，恒言不稱老。又曰：視於無形，聽於無聲。　南軒張氏曰：以孝於親論之，自其粗者知有冬温夏凊、昏定晨省，則當從温、凊、定、省行之，而又知其有進於此者，則又泛而行之。知之進則行之愈有所施，行之力則知愈有所進，以至於聖人。人倫之至，其等級固遠，其曲折固多，然亦必由是而循循可至。　草廬吴氏曰：「事親」者，不敢毁傷其大也，左右就養等事在其中矣。「事君」者，推愛親之心以愛君也。「立身」者，行道揚名之謂也。　陳氏曰：上言孝之始終，而不及於事君者，謂行道揚名，則事君之道在其中矣。然所以如此立言者，蓋世之人或有隱居以求志，修身以俟命，其必皆事君哉？　或曰：此總論孝之始終也。上文止言「孝之始終」，而此又兼言「中於事君」者，蓋行道顯揚，非事君不能。況四十始仕，移孝爲忠，亦理之常也。

按：「事親」承「不敢毁傷」一段，故爲始。但「事親」二字不止不毁傷，凡温、清、定、省之類，皆可包，此正言孝也。「中於事君」，上文未明言，蓋行道揚名非事君不可。「事君」二字，凡所以盡其職者，皆在其中。此移孝作忠，亦孝也。行道揚名，固不專指事君，而此之事君，必説入行道揚名内方合。「終於立身」，謂卓然豎立，爲宇宙之完人，承「立身行道」「孝之終」一段，故爲終。又是雙承「事親」「事君」，忠孝兼盡，而亦只滿孝之分量。此三句承上，類《論語》「均無貧」三句體式，中結中又串遞生意。合始、中、終，只是一孝，可見孝是一生做不盡事。

《大雅》云：「無念爾祖，聿修厥德。」

《注》：《詩·大雅》也。無念，念也。聿，述也。厥，其也。義取恒念先祖，述修其德。

《疏》：夫子敘述立身行道揚名之義既畢，乃引《大雅·文王》之詩以結之。言凡爲人子孫者，常念爾之先祖，當述修其功德也。此經有十一章引《詩》及《書》。劉炫云：「夫子敘經，申述先王之道。《詩》《書》之語，事有當其義者，則引而證之，示言不虚發也。七章不引者，或事義相違，或文勢自足，則不引也。五經唯傳引《詩》，而《禮》則雜引《詩》《書》及《易》，並意及則引。若泛指，則云『《詩》曰』『《詩》云』；若指四始之名，即云《國風》《大雅》《小雅》《魯頌》《商頌》；若指篇名，即言『《勺》曰』『《武》曰』，皆隨所便而引之，無定例也。」

《本義》：聿，語助辭。引《詩》言人能念其祖先，而聿修其德，則孝之始終盡是矣。

按：《詩》意只是謂人豈得不念爾之先，以自修其德乎？《詩》「德」字泛言，引來專重孝，修德即指盡孝，説方合，非謂先祖之功德。祖父一例，言念祖即是念親。「聿」字不必訓述。先王言德、言教，此段切示曾子只可言德，而引《詩》露出「德」字，以見始事親，中事君，終立身，爲能盡孝，而合乎德之本矣。教自屬先王，事君者有所未及。

旨：《大全》吴氏曰：前言「至德要道」，蓋言在上者之孝，而通乎下。「夫孝」以下二句結前意也。後言孝之終始，蓋言在下者之孝，而通乎上。「夫孝」以下三句結後意。

按：吴氏所分，與愚見合。前段通論先王以孝爲教，後段切示曾子，「吾語女」處截，兩「夫孝」各宜重看。引《詩》只言德，在下之孝可言德，不可以言教。時講或謂前段輕敘論孝之由，後段實指孝之始終也。按下文，天子之孝分明承德教説，則前段亦非輕敘可知。

講：此章言先王之德教，而因以切示曾子也。仲尼閒居，曾子侍坐。子曰：昔者古先聖王有極至之德，切要之道，以順天下之民心而教之，民用是皆和協親睦，上下尊卑之閒無有怨惡，女知之乎？曾子避席起立，對曰：參資不明敏，何足以知至德要道乎？子曰：所謂至德要道者，非他，謂夫孝也。德非一端，皆因孝而推，是孝乃爲德之本也。教亦非一端，而皆由孝而生，是孝乃教之所由生也。此先王所謂至德要道，以此順天下而教之，則上下皆和睦而無怨矣。然孝非一二言可盡，復坐，吾語女。先王固以孝德爲教矣，而在下有當盡之實，汝不可不知也。人之身體髮膚，皆受之於父母，愛身如愛父母，不敢毫有毁損虧傷，乃孝之始事也。卓然自立其身，行必合道，揚其聲名自當時以及於後世，因以光顯其父母，皆知爲某人之子，如是，乃孝之終也。以此論之，夫孝必始於事親，由不敢毁傷而推之，凡事乎親之道無不盡；中於事君，必得君，而後可以行道揚名，終於立身。事親能孝，事君能忠，而卓然豎立，此身爲天地閒之完人，則孝道盡矣。孝爲德之本，盡孝即所以修德。《詩·大雅·文王》之篇有云：人可不念爾之先祖，以自修其德乎？若始事親，中事君，終立身，如是，可謂能念祖而修德矣。

天子章第二

《疏》：前《開宗明義章》雖通貴賤，其迹未著，故此已下至於《庶人》，凡有五章，謂之「五孝」，各説行孝奉親之事而立教焉。天子至尊，故標居其首。按《禮記·表記》云「惟天子受命於天」，故曰天子；《白虎通》云「王者父天母地」，故曰天子。虞、夏以上未有此名，殷、周以來始謂王者爲天子也。「天子」二字，始於《説命》。

《本義》《大全》：天子建中和之極，故特稱「子曰」。以天子之孝統之，以廣上文「先王有至德要道，以順天下」之意。

今文、古文皆有。古文「蓋天子之孝」，無「也」字。今文爲《天子章》。

子曰：愛親者不敢惡於人，敬親者不敢慢於人。愛敬盡於事親，而德教加於百姓，刑於四海。蓋天子之孝也。

《注》：不敢惡，博愛也。不敢慢，廣敬也。刑，法也。君行博愛、廣敬之道，使人皆不慢惡其親，則德敬加被天下，當爲四海之法則也。蓋，猶略也。孝道廣大，此略言之。

《疏》：五等之孝，惟於《天子章》稱「子曰」者，皇侃云：「上陳天子極尊，下列庶人極卑。尊卑既異，恐嫌爲孝之理有别，故以一『子曰』通冠五章，明尊卑貴賤有殊，而奉親之道無二。」此陳天子之孝也。所謂「愛親」者，是天子身行愛敬也。「不敢惡於人」「不敢慢於人」者，是天子施化，使天下之人皆行愛敬，不敢慢惡於其親也。親，謂其父母也。言天子豈惟因心内恕，克己復禮，自行愛敬而已，亦當設教施令，使天下之人不慢惡於其父母。如此則至德要道之教加被天下，亦當使四海慕化而法則之。此蓋是天子之行孝也。皇侃云：「愛、敬各有心、迹。烝烝至惜，是爲愛心；温凊搔摩，是爲愛迹；肅肅悚慄，是爲敬心；拜伏擎跪，是爲敬迹。」舊説云：「愛生於真，敬起自嚴。孝是真性，故先愛後敬也。」舊問曰：「天子以愛敬爲孝，及庶人以躬耕爲孝，五者並相通否？」梁王答云：「天子既極愛敬，必須五等行之，然後乃成。庶人雖在躬耕，豈不愛敬，及不驕不溢已下事邪？『以此言之，五等之孝互相通也。然諸侯言保社稷，大夫言守宗廟，士言保其禄位而守其祭祀，以則言之，天子當云保其天下，庶人當云保其田農。此略之不言，何也？』『愛敬盡於事親』之下，而言『德教加於百姓，刑於四海』，保守之理已定，不煩更言保也。庶人『用天之道，分地之利，謹身節用』，保守田農不離於此。既無守任，不假言保守也。」「百姓」，謂天下之人皆有族姓。言「百」，舉其多也。《尚書》云「平章百姓」，則謂百姓爲百官，爲下有「黎民」之文，所以百姓非兆庶也。孔《傳》云：「『蓋』者，辜較之辭。」劉炫云：「辜較，猶梗概也。孝道既廣，此纔舉其大略也。」劉瓛云：「『蓋』者，不終盡之辭。明孝道之廣大，此略言之也。」皇侃云「略陳如此，未能究竟」是也。

陳注：親，謂父母也。惡，憎惡也，爲愛之反。慢，敖慢也，爲敬之反。德教，謂至德之教。刑，儀刑也。天子之身乃法之所自出，故爲天子而愛其親者，必其於人無所不愛，而不敢有所惡於人；敬其親者，必其於人無所不敬，而不敢有所慢於人。夫惟不敢惡於人，而以無所不愛之心愛其親；不敢慢於人，而以無所不敬之心敬其親，然後愛敬爲盡於事親。而天子以此至德要道之教行於一人，加於百姓，則四海之大，皆知有所視效儀刑，趨愛趨敬而同歸於孝，民用和睦，上下無怨。此乃天子之孝，而非諸侯、卿大夫之可比也。

《本義》《大全》：此承上文，而首言天子之孝也。愛親者，必推愛親之心以愛人，而不敢惡；敬親者，必推敬親之心以敬人，而不敢慢。夫有所惡慢於人，則愛敬其親之心薄，且恐或以貽親之辱。言不敢者，兢業小心之極也。天子德教所從出，四海所視倣，以此不敢之心盡愛敬其親之道，無所不至其極，而推以愛人、敬人，則百姓之衆皆被服其德意教化，四海之大皆視爲儀刑，所謂「以順天下，民用和睦，上下無怨」如此。蓋天子之孝有終始，當如是也。「蓋」者，約辭，有不盡之意。孝道廣大，此特略言之耳，故下必引《書》以明之。邢昺《正義》謂「不敢惡於人」「不敢慢於人」，是天子施化，使天下之人皆行愛敬，不敢惡慢其親。維祺按：此似後一層，事於「不敢」字不切。魯齋許氏曰：事親大節目，是養體、養志、致愛、致敬，四事中致愛、敬尤急，所以孝只是愛親、敬親兩事耳。天子之孝，推愛敬之心以及天下，亦惟此二事，爲能刑於四海，固結人心。舍此，則法術矣，其效與聖人不相似。董鼎曰：天子者，天下之表也。上行之，則下傚之；君好之，則民從之。天子所以愛敬其親者，亦莫敢不至。況孩提之童，無不知愛其親，及其長也，無不知敬其兄，本人情天理之固有。天子亦因其所固有，而利導之耳。安有感之而不應，倡之而不和者？

按：「不敢惡慢於人」，《注》《疏》「使人不惡慢其親」之説，陳注已不從之，而吕氏《大全》又駁之，固不可從矣。依陳注，作「於人無不愛敬，而不敢有所惡慢」説；又得吕氏「有所惡慢，則愛敬其親之心薄，且恐貽親之辱」云云，其意稍暢。但陳注以「不敢惡慢人，而無所不愛敬」入在「盡」字内講，似大費力，而吕氏因之，云以此不敢之心，盡愛敬其親之道，不露人字，稍覺渾融。然愚意終未愜，不如以「愛敬盡於事親」，只承「愛親」「敬親」者，而以「德教加於百姓，刑於四海」，與「不敢惡慢」相應，似屬明白。舊説未可全非，但不當以「不惡慢」屬「人」耳。「德教加於百姓，刑於四海」，人人皆愛敬其親，即見上之「不敢惡慢」處，此亦易明。《聖治章》「不愛其親，而愛他人」，是以教他人愛親爲愛他人，「不敢惡慢」當會此意。又《廣至德章》「教以孝，所以敬天下之爲人父」尤可證。依陳、呂之説，與《孝治章》「不敢遺失」意相合，似未盡。尋常説只「愛敬盡於事親」足矣，爲是天子之孝合天下以爲孝之量，故須説及於人。「德」「教」二字，即首章「德之本」「教所由生」，以德施爲教也。「加於百姓，刑於四海」是一意，百姓以人言，四海以地言，加之即有以刑之，只是皆愛敬其親耳。「百姓」不必依《或問》作「畿内」。下補和睦、無怨意。

《甫刑》云：「一人有慶，兆民賴之。」

《注》：《甫刑》，即《尚書·呂刑》也。一人，天子也。慶，善也。十億曰兆。義取天子行孝，兆人皆賴其善。

《疏》：夫子述天子之行孝既畢，乃引《尚書·甫刑》篇之言以結成其義。慶，善也。

言天子一人有善,則天下兆庶皆倚賴之也。善則愛敬是也。「一人有慶」,結「愛敬盡於事親」已上也。「兆民賴之」,結「而德教加於百姓」已下也。孔安國云:「後爲甫侯,故稱《甫刑》。」《詩·大雅·嵩高》之篇宣王之詩,云「生甫及申」,《揚之水》爲平王之詩,「不與我戍甫」,明子孫改封爲甫侯。不知因吕國改作「甫」名,不知别封餘國而爲「甫」號。然子孫封甫,穆王時未有「甫」名,而稱爲《甫刑》云者,後人以子孫之國號名之也。舊説:天子自稱,則言「予一人」。予,我也。言我雖身處上位,猶是人中之一耳,與人不異,是謙也。若臣人稱之,則惟言「一人」。言四海之内惟一人,乃爲尊稱也。姓言百、民稱兆,皆舉其多也。

按:《書》蔡傳「慶」字不作「善」解,只是喜慶之意。此作善看,稍實。

旨:按天子之孝,當重「愛敬盡於事親」一句,「盡」字内所包甚多。上二句虚,只泛言其理;下三句實,方切天子説。天子自盡其事親之道,而即以爲德教所加,所謂「至德要道」也。《注》《疏》似偏重德教加百姓上,未妥。講此,言天子之孝也。子曰:自愛其親者,必不敢惡於人,亦有以愛之;自敬其親者,必不敢慢於人,亦有以敬之也。所以然者,上之人愛敬盡於事親,其愛敬無所不至,而以愛敬之德爲愛敬之教,施及於百姓,儀刑於四海，莫不各愛敬其親矣，是亦上愛敬之所及也。合天下以爲愛敬，蓋天子之孝當如是也。《書・甫刑》篇有云「一人有慶，兆民賴之」，愛敬盡於事親，一人有慶也；德教加於百姓，刑於四海，兆民賴之也。所謂一人者，惟天子當之矣。

諸侯章第三

《疏》：次天子之貴者，諸侯也。按《釋詁》云：公、侯，君也。不曰「諸公」者，嫌涉天子三公也。故以其次稱爲諸侯，猶言諸國之君也。

《大全》：今文、古文皆有，古文無三「也」字。今文爲《諸侯章》。

在上不驕，高而不危；制節謹度，滿而不溢。高而不危，所以長守貴也；滿而不溢，所以長守富也。富貴不離其身，然後能保其社稷，而和其民人。蓋諸侯之孝也。

《注》：諸侯，列國之君，貴在人上，可謂高矣。而能不驕，則免危也。費用約儉謂之「制節」，慎行禮法謂之「謹度」。無禮爲驕，奢泰爲溢。列國皆有社稷，其君主而祭之。言富貴常在其身，則常爲社稷之主，而人自和平也。

《疏》：夫子前述天子行孝之事已畢，次明諸侯行孝也。言諸侯在一國臣人之上，其位高矣，高者危懼。若能不以貴自驕，則雖處高位，終不至於傾危也。積一國之賦稅，其府庫充滿矣。若制立節限，慎守法度，則雖充滿而不至盈溢也。滿謂充實，溢謂奢侈。《書》稱「位不期驕，禄不期侈」，是知貴不與驕期而驕自至，富不與侈期而侈自來。言諸侯貴爲一國人主，富有一國之財，故宜戒之也。又覆述不危、不溢之義，言居高位而不傾危，所以長守其貴；財貨充滿而不爲溢，所以長守其富。使富貴長久，不去離其身，然後乃能安其國之社稷，而協和所統之臣人。謂社稷以此安，臣人以此和也。言此上所陳，蓋是諸侯之行孝也。皇侃云：「民是廣及無知，人是稍知仁義，即府史之徒，故言『民人』，明遠近皆和悦也。」

「費用約儉謂之『制節』」者，此依鄭注釋「制節」也。謂費國之財以供己用，每事儉約，不爲華奢。「慎行禮法謂之『謹度』」者，此釋「謹度」也。言不可奢僭，當須慎行禮法，無所乖越，動合典章。皇侃云：「謂宫室、車旗之類，皆不侈僭也。」「皆有社稷」者，《韓詩外傳》云：「天子大社，東方青，南方赤，西方白，北方黑，中央黄土。若封四方諸侯，各割其方色土，苴以白茅而與之。諸侯以此土封之爲社，明受於天子也。」社即土神也。經典所論「社稷」，皆連言之。皇侃以爲稷五穀之長，亦爲土神。據此，稷亦社之類也。言諸侯有社稷乃有國，無社稷則無國也。「其君主而祭之」者，按《傳》曰：「君人者，社稷是主。」社稷因地，故以「列國」言之。祭必繇君，故以「其君」言之。言「富貴常在其身」者，此依王注，釋「富貴不離其身」也；「則長爲社稷之主」者，釋「保其社稷」也；「而人自和平」者，釋「和其民人」也。然經上文先貴後富，言因貴而富也。下覆之富在貴先者，此與《易·繫辭》「崇高莫大乎富貴」，《老子》云「富貴而驕」，皆隨便而言之，非富合先於貴也。

《本義》《大全》：高，處尊位也。危，將墜而不安也。制節，制財用之節。謹度，謹禮法之度。滿，處富足也。溢，汎濫也。位尊曰貴，財足曰富。諸侯貴踞一國之上，如自高臨下，處之者易以危；富有一國之財，如水滿器中，持之者易以溢。有如不自矜肆，雖高不危；制節謹度，雖滿不溢。不危，則不失其位；不溢，則不至悖出。社主土，稷主穀，民生所賴以安養者。諸侯，謂公、侯、伯、子、男，指有一國者。言諸侯爲社稷之主，必不危不溢，長守富貴，不至離其身，然後能保守社稷，而人民和悦。蓋諸侯之孝有終始，當如是也。　或曰：民是無位者，人是有位者。　董鼎曰：諸侯自始封之君，受命於天子，而有民人，有社稷，以傳之子孫。所謂國君，積行累功以致爵位，豈易得之？則爲諸侯之先公者，其身雖没，其心猶願有賢子孫世世守之而不失也。爲其子孫者，果能循理奉法，足以長守其富貴，則能保先公之社稷，和先公之民人矣。諸侯之所以爲孝者，莫大於此。

如其不念先公積累之艱勤，恣爲驕奢，至於危溢，以失其富貴，而不能保其社稷人民，則不孝實甚焉。此諸侯所當戒也。

按：「溢」訓泛溢，只是水流出外之意。或拈「驕溢」二字並言，未妥。蓋不驕，然後不危；制節謹度，然後不溢。《論語》「有民人焉，有社稷焉」，「民人」，朱子只作「民」說。或謂彼爲宰，無臣；此處諸侯，當兼臣民爲是。

《詩》云：「戰戰兢兢，如臨深淵，如履薄冰。」

《注》：戰戰，恐懼。兢兢，戒慎。臨深恐墜，履薄恐陷，義取爲君恒須戒懼。

《疏》：夫子述諸侯行孝終畢，乃引《小雅·小旻》之詩以結之，言諸侯富貴不可驕溢，常須戒懼，故戰戰兢兢，常如臨深履薄也。

《本義》《大全》：引此以明不危不溢之意。謹按：此詩是傳孝心法，乃曾子生平著力處，後當有疾，口詠此詩，以傳示弟子；易簀之夕，必曰「吾得正而斃焉」。得力於此多矣，故聖門惟曾子之傳爲得其宗焉。虞氏淳熙曰：夫子引《小雅·小旻》之詩，說道做諸侯的長戰戰的恐懼、兢兢的戒謹，恰似在深水邊頭立，生怕跌下去；恰似在薄冰背上行,生怕陷下去,這般謹慎,方得免患。可見這富貴,這社稷人民,不是安逸受享的物事,就如深水薄冰,元無二樣。儻或一些差池,求生不得,所以諸侯必須不驕不侈,然後爲孝。或曰:此孝子保身之法。獨以證諸侯之孝者,以諸侯易於驕侈也。

按:曾子啓手足時猶引此詩,其傳於夫子者,有自來也。戰戰兢兢,是人皆用得,不獨諸侯爲然,宜活看。在諸侯,則在「不驕」與「制節謹度」上見。

旨:此章三疊文法,「不危」「不溢」一層,「守貴」「守富」一層,「保社稷」「和人民」一層。到得保社稷、和人民方見孝,而其盡孝之實處,只在「不驕」與「制節謹度」上。「富貴不離其身」是轉語,即長富貴意,與第二箇「高而不危」「滿而不溢」語氣同。引《詩》是儆,非贊。

講:此言諸侯之孝也。諸侯在臣民之上,能不驕傲自恣,位雖崇高,而不至於傾危;享一國之富,能制財用之節,謹禮法之度,財雖盈滿,而不至於溢出。高者,貴也;不危,所以長守其貴也。滿者,富也;不溢,所以長守其富也。惟其長守富貴,富貴不離其身,然後能保其社稷而不失,和其人民而不叛。蓋諸侯世守其國,其孝當如是也。《詩·小雅·小旻》之篇有云:戰戰恐懼,兢兢戒謹,如臨深淵而恐墜,如履薄冰而恐陷。諸侯之在上不驕、制節謹度以守富貴,保社稷,和人民,何以異是?

卿大夫章第四

《疏》：次諸侯之貴者，即卿大夫焉。《説文》云：「卿，章也。」《白虎通》云：「卿之爲言章也，章善明理也。大夫之爲言大扶，扶進人者也。故傳云：『進賢達能謂之卿大夫。』」《王制》云：「上大夫，卿也。」又《典命》云：「王之卿六命，其大夫四命。」則爲卿與大夫異也。今連言者，以其行同也。

陳注：王朝侯國，其卿大夫之位分雖不同，然章中乃統論其當行之孝，不必泥引《詩》「以事一人」之辭，而謂專示王之卿大夫也。

《大全》：今文、古文俱同。今文爲《卿大夫章》。

非先王之法服不敢服，非先王之法言不敢道，非先王之德行不敢行。是故非法不言，非道不行。口無擇言，身無擇行。言滿天下無口過，行滿天下無怨惡。三者備矣，然後能守其宗廟。蓋卿大夫之孝也。

《注》：服者，身之表也。先王制五服，各有等差。言卿大夫遵守禮法，不敢僭上偪下。法言,謂禮法之言。德行,謂道德之行。若言非法,行非德,則虧孝道,故不敢也。言必守法,行必遵道。言行皆遵法、道,所以無可擇也。禮法之言,焉有口過?道德之行,自無怨惡。三者,服、言、行也。禮,卿大夫立三廟,以奉先祖。言能備此三者,則能常守宗廟之祀。

《疏》:夫子述諸侯行孝之事終畢,次明卿大夫之行孝也。言大夫委質事君,學以從政,立朝則接對賓客,出聘則將命他邦,服飾、言、行,須遵禮典。非先王禮法之衣服,則不敢服之於身。若非先王禮法之言辭,則不敢道之於口。若非先王道德之景行,亦不敢行之於身。就此三事之中,言、行尤須重慎。是故非禮法則不言,非道德則不行。所以口無可擇之言,身無可擇之行也,使言滿天下無口過,行滿天下無怨惡。服飾、言、行三者無虧,然後乃能守其先祖之宗廟。蓋是卿大夫之行孝也。《皋陶篇》曰:「天命有德,五服五章哉。」孔《傳》云:「天子、卿、大夫、士之服也,尊卑采章各異。」是有等差也。「言卿大夫遵守禮法,不敢僭上偪下」者,「僭上」謂服飾過制,僭擬於上也;「偪下」謂服飾儉固,偪迫於下也。卿大夫言必守法,行必遵德,服飾須合禮度,無宜僭偪。劉炫引《禮》證之曰「君子上不僭上,下不偪下」是也。又按《尚書·益稷篇》稱命禹曰:「予欲觀古人之象,日、月、星辰、山、龍、華蟲，作會宗彝，藻、火、粉、米、黼、黻絺繡，以五采章施於五色作服，汝明。」孔《傳》曰：「天子服日月而下，諸侯自龍衮而下，至黼、黻，士服藻、火，大夫加粉、米。上得兼下，下不得僭上。」此古之天子冕服十二章，以日、月、星辰及山、龍、華蟲六章畫於衣，衣法於天，畫之爲陽也；以藻、火、粉、米、黼、黻六章繡之於裳，裳法於地，繡之爲陰也。日、月、星辰，取照臨於下；山取興雲致雨，龍取變化無窮；華蟲謂雉，取耿介；藻取文章，火取炎上以助其德；粉取潔白，米取能養，黼取斷割，黻取背惡向善，皆爲百王之明戒，以益其德。諸侯自龍衮而下八章也，四章畫於衣，四章繡於裳。大夫藻、火、粉、米四章也，二章畫於衣，二章繡於裳。孔安國蓋約夏、殷章服爲説，周制則天子冕服九章，象陽之數極也。按鄭注《周禮·司服》稱「至周而以日、月、星辰畫於旌旗，所謂『三辰旂旗，昭其明也』」。又云：「登龍於山，登火於宗彝，尊其神明也。」古文以山爲九章之首，火在宗彝之下。周制以龍爲九章之首，火在宗彝之上，是「登龍於山，登火於宗彝」也。又按《司服》云：「王祀昊天上帝，則服大裘而冕，祀五帝亦如之；享先王則衮冕，享先公、饗射則鷩冕，祀四望山川則毳冕，祭社稷、五祀則絺冕，群小祀則玄冕。」而冕服九章也。又按鄭注：「九章：初一曰龍，次二曰山，次三曰華蟲，次四曰火，次五曰宗彝，皆畫以爲繢；

次六曰藻,次七曰粉米,次八曰黼,次九曰黻,皆絺以爲繡,則衮之衣五章、裳四章,凡九也。鷩畫以雉,謂華蟲也。其衣三章、裳四章,凡七章。毳畫虎蜼,謂宗彝也。其衣三章、裳二章,凡五也。絺刺粉米,無畫也。其衣一章、裳二章,凡三也。玄者衣無文,裳刺黼而已,是以謂玄焉。凡冕服,皆玄衣纁裳。」又按《司服》:「公之服自衮冕而下,如王之服;侯、伯之服自鷩冕而下;子、男之服自毳冕而下;卿大夫之服自玄冕而下;士之服自皮弁而下,如大夫之服。」則周自公、侯、伯、子、男,其服之章數又與古之象服差矣。經言「無擇」,謂令言行無可擇也。口有過惡者,以言之非禮法;行有怨惡者,以所行非道德也。若言必守法,行必遵道,則口無過,怨惡無自而生。皇侃云:「初陳教本,故舉三事。服在身外可見,不假多戒;言行出於内府難明,必須備言。最於後結,宜應總言。」謂人相見,先觀容飾,次交言辭,後考德行,故言三者以服爲先、德行爲後也。「禮,卿大夫立三廟」,義見末章。「以奉先祖」,謂奉事其祖考也。「能備三者,則能長守宗廟之祀」,言卿大夫若能備服飾、言、行,故能守宗廟也。

陳注:先王蓋古之以孝治天下者,故其服爲法服,其言爲法言,其行爲德行也。無擇,謂言行皆與道法相合,而無可選擇也。非先王之法服不敢服,惟恐服之不衷,爲身之災也；非先王之法言不敢言，惟恐言輕而招辜也；非先王之德行不敢行，惟恐行輕而招辱也。以此之故，非法則不言，言則必合於法；非道則不行，行則必中於道。出於口者，無可擇之言；行於身者，無可擇之行。是以言之多，至於徧滿天下，而無口過；行之多，至於徧滿天下，無怨惡也。服法服，道法言，行德行，三者既全，備矣。斯能長守其宗廟，以奉其先祖之祭祀，則此卿大夫之孝當如是也。

《本義》《大全》：法服，法度之服。先王制章服，各有品秩。法言，法度之言。德行，心有所得而見之於行者。服之不衷，身之災也。非法服而服之，是僭上偪下。非法言，是妄言也。非德行，是僞行也。服之、言之、行之，有虧孝道。故三者皆不敢也。是故言必守法，行必遵道，口之所言，身之所行，皆遵道法，故無可擇。言之多，雖至於滿天下，無率口之過；行之多，雖至於滿天下，不招人之怨惡。卿大夫立朝則敷奏，接賓出使則將命布德，故言行可滿天下。　宗廟者，按《祭法》，天子七廟，諸侯五廟，卿大夫三廟。卿大夫，通指王朝列國言。言卿大夫世守宗廟，僭服、妄言、僞行有一，則不免於罪廢；惟法服、法言、德行之三者全備，而後能保守宗祀。蓋卿大夫之孝有終始，當如是也。　薛氏瑄曰：古人衣冠偉博，皆所以嚴其外而肅其內。後人服一切簡便，短窄之衣，起居動靜，惟務安適。外無所嚴,内無所肅,鮮不習而爲輕佻浮薄者。又曰:輕言戲謔最害事。蓋不妄發,則言出而人信之。苟輕言戲謔,雖有誠實之言,人亦弗之信矣。《易》曰:「修辭立其誠。」必須無一言妄發,斯可學道。苟信口亂談而資笑謔,其違道遠矣。鄒氏元標曰:聖人之教,庸德是程,大經是經,而世之學者往往跳於經常之外,游惰溟涬,脱略名教,自以爲逃世網,解天弢,知者謂之亂常,謂之拂經。夫亂常、拂經者,是曰邪慝,聖教所不容,而德之賊也。吕氏曰:父母生身最難,須將聖人言行一一體貼在身上,將此身唤作一箇聖賢的肢體,方是孝順。

按:先王之法服有定制,若法言、德行只是大概説。首三句重在「不敢」字,惟其不敢,所以非法不言,非道不行。道即德也,行道有得,原無可分,惟其言皆法,行皆道,則無可檢擇矣。滿天下只是形容其多。無口過之過,或云照怨惡一例,以人之督過言,是深一層説。無擇便是無不善之言行;無口過,無怨惡,是不得罪於人。如此分看,亦有理。

《詩》云:「夙夜匪懈,以事一人。」

《注》:夙,早也。懈,惰也。義取爲卿大夫能早夜不惰,敬事其君也。

《疏》：夫子既述卿大夫行孝終畢，乃引《大雅・蒸民》之詩以結之。言卿大夫當早起夜寐，以事天子，不得懈惰。匪，猶不也。「敬事其君」者，釋「以事一人」，不言天子而言君者，欲通諸侯卿大夫也。舊説云：天子、諸侯各有卿大夫。此章既云言行滿於天下，又引《詩》云「夙夜匪懈，以事一人」，是舉天子卿大夫當爾，則諸侯卿大夫可知也。

陳注：一人，天子也。引《詩》之意，蓋言卿大夫當早起夜寐以事天子，而不得懈惰也。此乃深致其勸勉之意。

《本義》：引仲山甫修其威儀，爲王喉舌，夙夜小心，式於古訓，不敢懈惰以事其君，以明卿大夫之孝。

按：「匪懈」，即照三「不敢」意説。卿大夫自是事君者，或推開説因孝以作忠，似非正意。旨：《大全》草廬吴氏曰：人之相與，先觀容飾，次交言辭，後考德行。孟子言「服堯之服，誦堯之言，行堯之行」，意與此同。故首服，次言，次行。然「是故」以下申言、行而不及服者，蓋以服明白易見，不必更申，故下文又以三者總結之也。

按：首三句服、言、行平列，「是故」二字接上，却只説言、行，蓋衣服雖亦是緊要事，然易爲力，故可略之。且於言、行滿天下處，衣服無可説也。末繳前意，只得又並言三者，到得守宗廟方見孝,與諸侯保社稷同意。其所以盡孝之實只在三「不敢」上見。卿大夫既事君,凡其服、言、行皆屬事君之時,即皆其「匪懈」處也。

講:此言卿大夫之孝也。人之一生,服、言、行其最重矣。服有定制,先王之法服也;言有謨訓,先王之法言也;行有規範,先王之德行也。非先王所製之法服,不敢服之於體;非先王所垂之法言,不敢道之於口;非先王所貽之德行,不敢行之於身。三者常存,此惕然不敢之心自無所苟。是故非法度則不言,非道德則不行。不言非法,則口無擇於言,而皆法言也;不行非道,則身無擇於行,而皆道行也。其言之多,至於遍滿天下,而不至以口招過責;其行之多,至於遍滿天下,而不至取人怨惡。合之非法不服,三者皆備矣,然後能獲上而不失其位,因以保其宗廟,而祖宗之血食不絶。蓋卿大夫世禄之家,其孝當如是也。

夫卿大夫無論王朝侯國,皆事君者,而王朝之卿大夫尤著。《詩·大雅·烝民》之篇有云:仲山甫於早夜之閒,無有懈惰,以事一人。若卿大夫之服法服,言法言,行德行,正所謂匪懈以事君者,有不能守其宗廟者乎?

孝經詳説卷一終

孝經詳説卷二

牟陽冉覲祖輯撰

士章第五

《疏》：次卿大夫者，即士也。案《説文》曰：「數始於一，終於十。孔子曰：『推十合一爲士。』」《毛詩》傳曰：「士者，事也。」《白虎通》曰：「士者，事也，任事之稱也。故《禮辨名記》曰：士者，任事之稱也。傳曰：通古今、辨然不然謂之『士』。」

陳注：古有上士、中士、下士之三等，然其位總居卿大夫之下，故以「士」名章。

《大全》：古文、今文皆有。古文「保其禄位」謂「保其爵禄」。今文爲《士章》。

資於事父以事母而愛同，資於事父以事君而敬同。故母取其愛，而君取其敬，兼之者父也。故以孝事君則忠，以敬事長則順。忠順不失，以事其上，然後能保其禄位，而守其祭祀。蓋士之孝也。

《注》：資，取也。言愛父與母同，敬父與君同，事父兼愛與敬也。移事父孝以事於君，則爲忠矣；移事兄敬以事於長，則爲順矣。能盡忠順以事君長，則長安禄位，永守祭祀。

《疏》：夫子述卿大夫行孝之事終，次明士之行孝也。言士始升公朝，離親入仕，故此敘事父之愛敬，宜均事母與君，以明割恩從義也。資者，取也。取於事父之行以事母，則愛父與愛母同；取於事父之行以事君，則敬父與敬君同。母之於子，先取其愛；君之於臣，先取其敬，皆不奪其性。若兼取愛敬者，其惟父乎。既説愛敬取捨之理，遂明出身入仕之行。故者，連上之辭。謂以事父之孝移事其君，則爲忠矣；以事兄之敬移事於長，則爲順矣。長，謂公卿大夫，言其位長於士也。又言事上之道在於忠順，二者皆能不失，則可事上矣。上，謂君與長也。言以忠順事上，然後乃能保其禄秩官位，而長守先祖之祭祀，蓋士之孝也。「資，取也」，此依孔《傳》也。案鄭注《表記》《考工記》並同訓「資，取也」。注「言愛父與母同，敬父與君同」者，謂事母之愛、事君之敬，並同於父也。然愛之與敬俱出於心，君以尊高而敬深，母以鞠育而愛厚。劉炫曰：「夫親至則敬不極，此情親而恭少；尊至則愛不極，此心敬而恩殺也。故敬極於君，愛極於母。」梁王云：「《天子章》陳愛敬以辨化也，此章陳愛敬以辨情也。」嚴植之曰：「上云君父敬同，則忠孝不得有異。」言以至孝之心事君必忠也。　下章云：「事兄弟，故順可移於長。」注不言悌而言敬者，順經文也。《左傳》曰「兄弟愛敬」，又曰「弟順而敬」，則知悌之與敬，其義同焉。　能盡忠順以事君長，則能保其禄位也。　禄謂廩食，位謂爵位。　祭者，際也。人神相接，故曰際也。祀者，似也，謂祀者似將見先人也。士亦有廟，經不言耳。大夫既言宗廟，士可知也；士言祭祀，則大夫之祭祀亦可知也，皆互以相明也。

陳注：「資於事父以事母而愛同」，謂取事父之道以事母，而愛母同於愛父。「資於事父以事君而敬同」，謂取事父之道以事君，而敬君同於敬父也。母取其愛，君取其敬者，蓋母主於恩，而君主於義，故事母雖未嘗不敬，而專取其愛；事君雖未嘗不愛，而專取其敬。合愛與敬而兼之者，則惟父然也。爲士者，移事父之孝以事君，則爲忠；移事父之敬以事長，則爲順。守其忠順而不失，以事其上，然後能常保其禄位，永守其祭祀，此則爲士之孝當如是也。諸侯言社稷，卿大夫言宗廟，士言祭祀，各以其所事爲重也。若下文庶人，則薦而不祭，又非士之比矣。

《本義》《大全》：資，藉也。言愛敬其父，而藉以愛母、敬君皆同也。母非不敬，以愛爲主；君非不愛，以敬爲主。兼愛與敬，惟父而已。皆本人情，自然而然，非有所强也。此移孝爲忠之道所由生也。故承上文而言，忠謂盡心無隱，順謂循理無違。士初離膝下，方登仕籍，或未盡知事君之道。第用事父之孝以事君，則爲忠矣；即用事父之敬以事長，則爲順矣。長，謂士之上有卿大夫爲之長也。士如上士、中士、下士，指已仕者。言合忠與順，而不失其道以事君與長，然後能安保其俸廩之禄、官爵之位，而永守其祖先之祭祀。無田則亦不祭，故禄位與祭祀相關。蓋士之孝有終始，當如是。「以敬」之「敬」，即承上「敬同」；「取敬」之「敬」，蓋以敬父之敬事其長也。言敬父，而敬兄之敬在其中矣。《正義》之解非也。董鼎曰：取事父之道以事母，其愛母則同於愛父。雖未嘗不敬也，而以愛爲主。以父主義，母主恩故也。取事父之道以事君，其敬君則同於敬父。雖未嘗不愛也，而以敬爲主。以君臣之際，義勝恩也。章氏懋曰：先王廟祀之典不及下士、庶人，蓋以其分之有限，禮不下達，而人情猶有歉焉。至宋，大儒君子創爲祠堂之制，則通上下皆得爲之，然後盡於人心，豈非以義起者乎？

按：資，舊訓取。吕氏訓「藉」，亦無大别，而「藉」字稍活。事母自愛，豈待取之事父乎？論理如是爾。母取愛，君取敬，兩「取」字，非「資」字意，吕云猶言「用」字。母愛君敬，重君敬一邊。本文之意，只是要從父之敬引到事君，非以母與父相較也，母是陪説。「以孝事父」二句，吕氏説好言，即事父可以得事君、事長之道，所謂「資於事父以事君」也，與泛説移孝作忠稍不同。忠孝尋常並言，故云以孝事君則忠。「以孝事君」之孝，亦屬敬；「以敬事長」之敬，亦屬事父之敬，此處未及事兄也。「忠順不失」，是過脈語，意本雙承上字，宜兼君長爲是。《本義》只重以事父之敬事君則爲忠，事長亦是連類及之。禄位固君所操，而卿大夫亦有責，故保禄位雙承君、長。保禄位方能守祭祀。

《詩》云：「夙興夜寐，無忝爾所生。」

《注》：忝，辱也。所生，謂父母也。義取早興夜寐，無辱其親。

《疏》：夫子述士行孝畢，乃引《小雅·小宛》之詩以證之也。言士行孝，當早起夜寐，無辱其父母也。

陳注：引《詩》以深惕爲士者，當早起夜寐以行孝，無致禄位不保而祭祀不守，以辱其父母也。

《本義》：引《詩》言早夜敬謹，無辱所生之親，以明忠順不失之意。

按：無忝所生，只説事父一截。能無忝所生，則可以忠順事君長矣。然依陳注，當是忠順不失，保禄位、守祭祀，方爲無忝所生。又全是下一截也。陳説可從。

旨：此章是資事父之敬以事君，則能忠，而可以保禄位、守祭祀，士之孝如此。前面言母是閒文，後面言長亦是帶説，重「以孝事君則忠」二句爲上下關紐。

講：此言士之孝也。事親之道，愛敬盡之矣，然而有分焉。事父固愛也，而事母亦主於愛，資於事父之道以事母，而其愛則同；事父固敬也，而事君亦主於敬，資於事父之道以事君，而其敬則同。故於母但取其愛，而於君但取其敬，兼乎愛敬者，惟父也。故不必别求事君之道，但以事父之孝事其君，則能忠矣。事父之孝不外敬也，而因事君以及事長，不必别求事長之道，但以此敬事其長，則能順矣。忠與順二者不失，以事其君長，則事之盡其道，而得君長之歡心，然後能保其禄位，而因以守其祭祀。蓋士之孝如是也。人必不辱父母，而後可以稱孝。《詩·小宛》之篇有云：人子於早起夜寐之時，一皆無忝於所生，則謂之孝矣。忠順不失，而保禄位，守祭祀，其何忝之有哉？

庶人章第六

《疏》：庶者，衆也，謂天下衆人也。皇侃云：「不言衆民者，兼包府史之屬，通謂之庶人也。」嚴植之以爲士有員位，人無限極，故士以下皆爲庶人。

陳注：庶人，泛指衆人。學爲士而未受命，與農工商賈之屬皆是也。

子曰：

《本義》《大全》：經之首章統論孝之始終，中乃推極孝之通於天下，而末總結之。朱子首尾相應，次第相承，文勢連屬，脈絡通貫至矣。今文、古文皆有。古文「分地之利」爲「因地之利」；「自天子」句，多「子曰」「以下」四字。今文爲《庶人章》。

用天之道，分地之利，謹身節用，以養父母。此庶人之孝也。

《注》：春生、夏長、秋斂、冬藏，舉事順時，此用天道也。分別五土，視其高下，各盡所宜，此分地利也。身恭謹，則遠耻辱；用節省，則免飢寒。公賦既充，則私養不闕。庶人爲孝，唯此而已。

《疏》：夫子述士之行孝已畢，次明庶人之行孝也。言庶人服田力穡，當須用天之四時生成之道也。分地五土所宜之利，謹慎其身，節省其用以供養其父母，此則庶人之孝也。

「舉事順時」者，謂舉農畝之事，順四時之氣，春生則耕種，夏長則芸苗，秋收則穫割，冬藏則入廩也。「分别五土，視其高下」者，此依鄭注也。案《周禮·大司徒》云：「五土：一曰山林，二曰川澤，三曰丘陵，四曰墳衍，五曰原隰。」謂庶人須能分别，視此五土之高下，隨所宜而播種之，則《職方氏》之所謂「青州其穀宜稻麥，雍州其穀宜黍稻」之類是也。「各盡其所宜」，劉炫云：「黍稷生於陸，菰稻生於水。」「身恭謹則遠耻辱」者，《論語》曰：「恭近於禮，遠耻辱也。」「用節省，則免飢寒」者，「用」，謂庶人衣服、飲食、喪祭之用，當須節省。《禮記》曰「食節事時」，又曰「庶人無故不食珍」，及「三年耕，必有一年之食；九年耕，必有三年之食。以三十年之通，雖有凶旱水溢，民無菜色」，是「免飢寒」也。「公賦既充，則私養不闕」者，自上税下之名也。謂常省節財用，公家賦税充足，而私養父母不闕乏也。天子、諸侯、卿大夫、士皆言「蓋」，而庶人獨言「此」，注釋言「此」之意也，謂天子至士，孝行廣大，其章略述宏綱，所以言「蓋」也；庶人用天分地，謹身節用，其孝行已盡，故曰「此」，言惟此而已。《庶人》不引《詩》者，義盡於此，無贅辭也。

陳注：謹身者，謹修其身不妄爲也；節用者，省節飲食、衣服、喪祭之財用不妄費也。

庶人未受命爲士，既不得以事君，所事者惟父母而已，故以能養父母爲孝。其用天之道，而耕耘收穫，一順乎時令；分地之利，而禾黍菽麥，一任乎土宜。又必謹守其身，而不敢放縱；省節其用，而不敢奢侈。以此爲事，奉養其父母，則不徒能養父母之口體，而養志亦無不足矣。此庶人孝所當然也。

《本義》《大全》：不順天道，物無以生；不辨地利，物無以成。二者皆得，則生植成，遂衣食足矣。尤必謹守其身，而不敢放縱；節其財用，而不敢奢侈。以此養其父母，不徒養口體，且養志矣。庶人之孝有終始，惟此而已。此章變「蓋」言「此」者，天子、諸侯、卿大夫、士其應行之孝道甚廣，所言亦未敢以爲盡，故云「蓋」，而猶必引《詩》《書》證之。若庶人之孝，其理易明，其事易盡，故直指之曰「此」，而不必引《詩》矣。董鼎曰：衣食既足，又必謹其身而不敢放縱，節其用而不敢奢侈。惟恐縱肆則犯禮，而自蹈於刑戮；侈用則傷財，而不免於飢寒。常以此爲心，則所以養其父母者，不徒養口體有餘，而養志亦無不足。西山真氏作《庶人章解》曰：春宜深耕，夏宜數耘。禾稻成熟，宜早收斂。豆麥、黍米、桑麻、蔬菓，宜及時用功浚治。此便是用天之道。高田種早，低地種晚，燥處宜麥，溼處宜禾，田硬宜豆，山畬宜粟，隨地所宜，無不栽種。此便是分地之利。既能如是，又要謹身節用,念我此身父母所生,宜自愛恤,莫作罪過,莫犯刑責。得忍且忍,莫要鬬毆;得休且休,莫興詞訟。入孝出弟,上和下睦。此便是謹身。財物難得,當須愛惜。食足充口,不須貪味;衣足蔽體,不須奢華。莫喜飲酒,飲酒失事;莫喜賭博,賭博壞家。莫習魔教,莫信邪師,莫貪浪遊,莫看百戲。凡人皆以妄費,便生許多事端。既不妄費,即不妄求,自然安妥,無諸災難。此便是節用。謹身則不憂惱父母,節用則能供給父母。能是二者,即是爲孝。司馬温公著《古文孝經指解》。一日省墓,止餘慶寺。有父老五六輩獻粟米菜蔬,復請曰:「願聞資政講書,以爲鄉里之訓。」光欣然取紙筆,書《庶人章》講之。

按:講家或以「用天之道」二句,開衣食之源;「謹身」二句,爲節衣食之流。其説亦通,但該不得「謹身」二字。「謹身」是不生事惹禍,常得奉養父母,不僅在衣食上説也。陳注「養志」,正從「謹身」上看出,不然只是養口體矣。

故自天子至於庶人,孝無終始,而患不及者,未之有也。

《注》:始自天子,終於庶人,尊卑雖殊,孝道同致,而患不能及者,未之有也。言無此理,故曰未有。

《疏》：夫子述天子、諸侯、卿大夫、士、庶人行孝畢，於此總結之，則其五等尊卑雖殊，至於奉親，其道不別，故從天子以下至於庶人，其孝則無終始、貴賤之異也。或有自患己身不能及於孝，未之有也，自古及今未有此理，蓋是勉人行孝之辭也。「始自天子，終於庶人」者，謂五章以天子爲始、庶人爲終也。「尊卑雖殊，孝道同致」者，謂天子、庶人尊卑雖別，至於行孝，其道不殊。天子須愛親敬親，諸侯須不驕不溢，卿大夫須言行無擇，士須資親事君，庶人謹身節用，各因心而行之，行之斯至，豈藉創物之智、扛鼎之力，若牽强之？無不及也。「而患不能及者，未之有」者，謂人無貴賤尊卑，行孝之道同致，若各率其己分，則皆能養親。言患不及於孝者，未有也。

《本義》《大全》：故自天子下至庶人，雖有尊卑之分，其根於一本，則一孝雖有五等之別，其始於事親，終於立身則一。有如立心不純，用力不果，其於立身之終，事親之始，皆無成就。如是，而禍患不及，必無之理也。孔子爲天子庶人通設此戒，以結上文之旨，可謂至儆切矣。草廬吴氏曰：孝之終，謂立身；孝之始，謂事親。孝無終始，謂不能事親、立身也。患，禍難也。不能事親、立身，則禍難必及之，甚則天子不能保其天下，諸侯不能保其國，卿大夫不能保其家，庶人不能保其身也。又夫子既條陳五孝之用，而其言孝道之極，則天子可以刑四海，諸侯可以保社稷，卿大夫可以守宗廟，士可以守祭祀，庶人可以養父母。其必至之效有如此，聞者宜有以自勸矣。然尤恐其信道之不篤，用力之不果，凡以吾言之行與不行爲無所損益，於是又有以警戒之。維祺按：邢昺《注疏》及近世儒者解「孝無終始」，謂孝無内、無外、無久、無暫，何嘗有終始？因心愛日，豈患不及？其論亦通。第反覆上下文義，「終始」原與第一章「孝之始」「孝之終」「始於事親」「終於立身」相應，而「患不及」作禍患之患，亦與下「災害」「禍亂」「五刑」「大亂」等語相合，更爲嚴切，令人悚然起畏。

按：「孝無終始，而患不及」，《注》《疏》皆以「孝無終始」截住，「患不及」連「未之有」説，其説甚費力。吕氏不用其説，以「孝無終始而患不及」合爲一句，頗明。然按《正義》中禍患之説，亦經辨過，今姑用之可也。愚意「終始」不必泥「始事親，終事君」「始終」二字，只是説人不能盡孝道，猶《大學》「事有終始」之終始字，泛説更活。或有始無終，或始終俱不能孝，皆是無終始。如此，則禍必及之。而夫子反言以致其決，故云「未之有」。又一説：「無」者，無論也。「不及」者，力不足也。人之行孝於其始，則力足於始；於其終，則力足於終。無論爲終爲始，而患力不及者，未之有也，力未有不及者也。備考。

旨：「用天之道」三句，總趕出養父母爲主，庶人無別能，只是養父母而已。此章分兩截，上言庶人之孝，下總結五孝。

講：此言庶人之孝，而總結之也。春夏秋冬，天之道也。用天之道，而順時令，以爲耕耘收藏。高下燥溼，各有所宜，地之利也。分地之利，而别土宜，以種禾黍菽麥。如是，有以足衣食矣。而又必謹懔持身，而不敢肆；節省財用，而不及侈，以奉養其父母。節用則甘旨不匱，有以養口體；而謹身不貽親憂，又有以養志。庶人之孝，不過如此而已。合而觀之，人能力於行孝，不求福而福至。不然，則有患矣。故自天子至於庶人，若不盡力所事，孝無終始，而禍患不及其身，併見於家國天下者，未之有也，可不畏哉！

三才章第七

《疏》：天地謂之二儀，兼人謂之三才。曾子見夫子陳説五等之孝既畢，乃發歎曰：「甚哉！孝之大也。」夫子因其歎美，乃爲説天經、地義、人行之事，可教化於人，故以名章，次五孝之後。

《本義》《大全》：前章之語已終，因曾子贊之，而復極言本孝立教之義。其下七章皆推廣此意，而反復言之。今文、古文皆有。古文「天之經」俱無「也」字。今文爲《三才章》。

曾子曰：甚哉！孝之大也。子曰：夫孝，天之經也，地之義也，民之行也。天地之經，而民是則之。則天之明，因地之利，以順天下。是以其教不肅而成，其政不嚴而治。

《注》：參聞行孝無限高卑，始知孝之爲大也。經，常也。利物爲義。孝爲百行之首，人之常德，若三辰運天而有常，五土分地而爲義也。天有常明，地有常利，言人法則天地，亦以孝爲常行也。　法天明以爲常，因地利以行義，順此以施政教，則不待嚴肅而成理也。

《疏》：「高」謂天子，「卑」謂庶人。言曾子既聞夫子陳説天子、庶人皆當行孝，始知孝之爲大也。「經，常也。利物爲義」者，「經，常」即書傳通訓也；《易·文言》曰「利物足以和義」，是「利物爲義」也。「孝爲百行之首，人之常德」者，鄭注《論語》云：「孝爲百行之本，言人之爲行，莫先於孝。」案《周易》曰：「常其德，貞。」孝是人之常德也。「若三辰運天」，謂日月星辰以時運轉於天。《釋名》云：「土者，吐也，言吐生萬物。」《周禮》：「五土十地之利。」言孝爲百行之首，是人生有常之德，若日月星辰運行於天而有常，山川原隰分別土地而爲利。則知貴賤雖别，必資孝以立身，皆貴法則於天地。然此經全與《左傳》鄭子太叔答趙簡子問禮同，其異一兩字而已。明孝之與禮，其義同。「天有常明」者，謂日月星辰照臨於下，紀於四時，人事則之以「夙興夜寐，無忝爾所生」，故下文云「則天之明」。「地有常利」者，謂山川原隰，動植物産，人事因之以晨羞夕膳，色養無違也，故下文云「因地之利」。此皆人能法則天地以爲孝行者，故云「亦以孝爲常行也」。上云「天之經，地之義」，此云「天地之經」，而不言「義」者，爲地有利物之利，亦是天常也。若分而言之，則爲義；合而言之，則爲常也。「法天明以爲常」，釋「天之明」也；「因地利以爲義」，釋「地之利」也。「順此以施政教，則不待嚴肅而成理」者，經云「其教不肅而成，其政不嚴而治」，注則以政教相就而明之，嚴肅相連而釋之，從便宜省也。

陳注：經，常也。天以生覆爲常，故曰經。義，宜也。地以承順利物爲宜，故曰義。則，法也。因，憑也，依也。肅，戒肅。嚴，威嚴也。曾子因夫子陳説五孝，而深歎其大，故夫子以彌大之義告之。言孝之爲道，雖出於人心，然天爲乾，父不能外之，以爲生覆之經；地爲坤，母不能外之，以爲承順利物之義；民生天地之閒，不能外之，以爲慈愛敬順之行。是孝乃天之經，地之義，民之行也。夫以孝爲天地經常之理，而民於此取法而爲行則。孝本天下人心之所本然固有者，故聖人上法天道之常明，下因地道之義利，惟順乎天下本然愛敬之孝而導之。是以敷之爲教，則不待戒肅而自成；發之爲政，則不假威嚴而自治也。

《本義》《大全》：此因曾子之贊而推言之，以明本孝立教之義。曾子平日以保身爲孝，不知孝之通於天地，其大如此，故極贊之。而孔子言民性之孝，原於天地。天以生物覆幬爲常，故曰經；地以承順利物爲宜，故曰義。得天之性爲慈愛，得地之性爲恭順，即是孝乃民之所當躬行者，故曰民之行。孝者，天地之常經，而民所取以爲法則者，但民不能自則，聖人乃則之也。經故常明，義故利物，則其明，因其利，以順天下愛敬之心，而立之政教。是以教不待戒肅而成，政不待威嚴而治者，無他也，蓋以孝爲天性之自然，人心所固有，是以化之神如此。上言「天之經，地之義」，下言「天地之經」，而義在其中矣。不下又變經言明，變義言利，經常明，義利物，非有二也，皆文法錯綜，極變化之妙，非聖人不能道。或改「利」爲「義」，非也。董鼎曰：天以陽生物，父道也；地以順承天，母道也。天以生覆爲常，故曰經；地以順承爲宜，故曰義。人生天地之間，稟天地之性，如子之肖象父母也。得天之性爲慈愛，得地之性爲恭順，慈愛恭順，即所以爲孝。朱鴻曰：孝之爲道，在天爲常經，一定而不可易；在地爲大義，裁制而得其宜；在民爲懿行，五常由之，而爲德之本。草廬吳氏曰：孝者，天地之理，民效法而行之。既分言天經、地義，又總言天地之經，則義在其中矣。

按：天經地義，只宜就人說，不宜實說天地。《注》《疏》「三辰運天」「五土分地」殊無謂。陳注天生覆、地承順，亦是以孝屬天地說。呂氏用董鼎之説，謂得天之性爲慈愛，得地之性爲恭順。訓到性上便覺親切，而仍以天生覆、地承順作推原。愚意以爲尤多一折，不如只就性說。蓋天地生人，即賦以性。孝是性中帶來，乃天地所賦予之理。此理經常，便是天之經；此理合宜，便是地之義。經義只是説在人之孝，不必屬之天地也。經義亦可互説，故下文只云天地之經。「夫孝」稍斷，乃天之經、地之義、民之所當行者也，以人爲主。「天地之經」可補「義」字。「民則」見成説。惟其在人性中爲天經地義，故則之以爲行。上面「天經」三句平列，而「天地之經」串説，其實上三句即有串意也。「民是則」，「則」字照《中庸》「率性」率字看。則天明、因地利，就上邊人説孝之理原於天地至明而且利，先王則之、因之以順天下之人心而爲政教，「則」「因」固是有力字，然亦不大費力，只是照依此理去做耳。明跟經，經，常也，合明字説，只是有常，故明耳；利跟義，義，宜也，合利字説，只是得宜，故便利耳。利字，即《孟子》「以利爲本」之利。《注》《疏》引《易》「利物和義」爲説，深過一層矣。至於以日月星辰言明，山川原隰言利，總屬不切。「順天下」應上「民行」句。順天下所以教之，故接教；説教須政以輔之，故並説政。「不肅」「不嚴」，以其順也。「天經地義」云云，與「子太叔論禮」同，孰爲本文，孰爲引用，不可辨。朱子疑之，非苛論也。今只順文爲訓耳。

先王見教之可以化民也，是故先之以博愛，而民莫遺其親；陳之以德義，而民興行；先之以敬讓，而民不争；導之以禮樂，而民和睦；示之以好惡，而民知禁。

《注》：見因天地教化人之易也。君愛其親，則人化之，無有遺其親者；陳説德義之美，爲衆所慕，則人起心而行之；君行敬讓，則人化而不争；禮以檢其跡，樂以正其心，則和睦矣；示好以引之，示惡以止之，則人知有禁令，不敢犯矣。

《疏》：言先王見因天地之常、不肅不嚴之政教可以率先化下人也，故須身行博愛之道以率先之，則人漸其風教，無有遺其親者。於是陳説德義之美，以順教誨人，則人起心而行之也。先王又以身行敬讓之道以率先之，則人漸其德而不争競也。又導之以禮樂之教，正其心迹，則人被其教，自和睦也。又示以好者必愛之，惡者必討之，則人見之而知國有禁也。

陳注：先王，泛指古先帝王。「見教之可以化民」，承上因天地之常經而其教不肅而成、其政不嚴而治來言。先王身行博愛之道，以率先斯民，則人知愛親，而無有遺棄其親者。陳説德義之美，以教誨斯民，則人爲興起，而未有不勉於行者。先之以恭敬謙讓，而爲斯民之倡，則人相敬讓而不爭。導之以五禮六樂，而施陶淑之教，則人皆秩然有禮、雍然順適而和睦。又示之以爲善者之必好，爲不善者之必惡，則人知國禁而不犯。總見先王之順天下以化民，而民之速化如此，以結上文「其教不肅而成，其政不嚴而治」之義也。

《本義》《大全》：教承上「不肅而成」之教，言政教皆可以化民，而以孝立教，其化尤神。是以先王有見於此，而必身先之也。博，廣也，謂廣其愛於親也。遺，棄也。陳，布也。導，引也。示，昭明之也。禁，知所禁止而不敢犯也。博愛、敬讓以身前乎民，故兩曰「先之」。德義之美可布，故陳之；禮節樂和，有節文聲容可引，故導之；善當好，惡當惡，善有慶，惡有刑，可以昭明勸戒，故示之。此五者皆則天地之經，以孝教民之目也。民之化之捷於影響甚矣，教之可以化民也。

按：教不肅而成、政不嚴而治，分言之則爲教、爲政，合言之政亦是教，故承上但言教可化民。下文「先之以博愛」五句總是教，而政在其中。雖不專指孝，皆是順天下而教之也。所以推其類而悉數之，以申明政教不肅、不嚴之義。《疏》謂身行博愛之道，陳注用之。《注》謂「君愛其親」，吕氏《大全》用之，謂廣愛其親，而極申其説，引證多端，愚意終不敢謂然。蓋「博愛」二字，難以加之於親也。時講謂博愛其民，於「博愛」字義爲順。爲上者身先之以博愛其民，説箇「先之」，便有民興愛意在内。民皆知愛，豈有遺其親者乎？博愛即仁也，上仁，則下亦仁。「未有仁而遺其親者也」，與此意相合。「莫遺其親」，於孝爲切，故爲五句之首，下面「興行」「不争」「和睦」「知禁」皆推開説。邢注「於是陳説」「又先」「又導」「又示」，數虚字可玩。兩「先之」，身教也。「陳之」「導之」「示之」，言教也。「興行」之行，即德義也。「争」與「敬讓」反。禮樂陶淑，故和睦。示好惡，總是禁民爲惡，故云「知禁」。「好惡」當屬上説。邢《疏》陳德義以大臣言，覺添設。時講或云先敬讓，後導以禮樂，則是此二句相連，非五句平列口氣矣，不可從。

《詩》云：「赫赫師尹，民具爾瞻。」

《注》：赫赫，明盛貌。尹氏爲太師，周之三公也。義取大臣助君行化，人皆瞻之也。

《疏》：孔安國曰：「具，皆也。爾，女也。」古語或謂「人具爾瞻」，則人皆瞻女也。

此章上言先王，下引師尹，則知君臣同體，相須而成者，謂此也。皇侃以爲無先王在上之詩，故斷章引太師之什，今不取也。

陳注：引詩之意，蓋言先王之在上者，能教以化民，而爲民所瞻仰，故民爲之速化也。

此借師尹，以深贊夫先王也。

《本義》《大全》：引《詩·小雅·節南山》篇以證教明於上，民化於下之意。鄭氏《注》義取大臣助君行化。邢氏《注》謂君臣同體，相須而成，殊非。維祺按：《大學·平天下章》亦引此詩。朱子曰：「言在尊位者，人所觀仰，不可不謹。」又曰：「古人引詩，多斷章取意，或姑借其辭以明己意，未必皆取本文之義。」

按：《注》《疏》大臣助君似多一折，不如陳注作借師尹贊先王爲是。然不但贊也，有儆戒意。

旨：按「天經地義民行」云云，推原孝本人性，而爲所當行，歸重在「則天之明，因地之利，以順天下」三句。政教所以順天下，下文推原政教，總以見順天下之意。章名「三才」，是後人所加，勿泥。

講：此章言孝道原於天地，而先王順人之性以爲教也。曾子聞五孝之詳，乃歎曰：孝通天下，甚哉！孝之大也。夫子又推其大之義，以告之曰：夫孝之理，具於人心，而秉賦由於天地，乃天地之至理也。於天爲經常，於地爲合宜，於人爲所當行也。合三者言之，蓋孝乃天地經常之理，爲人之性。而人於是則之，率性而行也。然人爲氣拘物蔽，有不能盡則者。聖人乃則天常明之理，因地便利之理，以順人心固有之性，而教之使知所以爲行焉。惟其爲順也，是以其教不待戒肅而自成，其教民之政不待威嚴而自治，人無有不孝也。夫不肅而成，不嚴而治，如此教之可以化民也彰彰矣。先王有見於此，是故其爲教非一端而已也。務身先之以博愛其民，使民皆知愛，愛莫切於愛親，莫有遺棄其親而不愛者矣。又爲之陳説如何是德，如何是義，以使民行，而民皆興起以德義爲行矣。又身先之以恭敬謙讓，而民皆敬讓無争競矣。又引導之以禮節樂和，而民被陶淑皆和睦矣。又示之以善有賞，爲所當好；惡有刑，爲所當惡，而民皆知禁止不敢爲惡矣。凡此者，皆順天下以爲教，故不肅而成，不嚴而治也。夫化民者，固民所瞻仰也。《小雅·節南山》之篇有云：赫赫然太師尹氏，民皆於爾瞻仰之也。師尹尚爲民所瞻仰，況人君乎？若先王者，可謂不愧爲民瞻仰矣。

孝治章第八

《疏》：夫子述此明王以孝治天下也。前章明先王因天地、順人情以爲教。此章言明王由孝而治，故以名章，次《三才》之後也。

《大全》：今文、古文皆有。古文「失於臣妾」爲「侮於臣妾」；「故明王之以孝治也如此」，無「也」字。今文爲《孝治章》。

子曰：昔者明王之以孝治天下也，不敢遺小國之臣，而況於公、侯、伯、子、男乎？故得萬國之歡心，以事其先王。

《注》：言先代聖明之王以至德要道化人，是爲孝理。小國之臣，至卑者耳，王尚接之以禮，況於五等諸侯，是廣敬也。萬國，舉其多也。言行孝道以理天下，皆得歡心，則各以其職來助祭也。

《疏》：此章之首稱「子曰」者，爲事訖，更別起端首故也。言昔者聖明之王能以孝道治於天下，大孝接物，故不敢遺小國之臣，而況於五等之君乎？言必禮敬之。明王能如此，故得萬國之歡心，謂各修其德，盡其歡心而來助祭，以事其先王。經「先王」有六焉，一曰「先王有至德」，二曰「非先王之法服」，三曰「非先王之法言」，四曰「非先王之德行」，五曰「先王見教之」，此皆指先代行孝之王。此章云「以事其先王」，則指行孝王之考祖。此釋「孝治」之義也。「昔者」，非當代之名。「明王」，則聖王之稱也，是泛指前代聖王之有德者。經言「明王」，還指首章之「先王」也。以代言之謂之「先王」，以聖明言之則爲「明王」，事義相同，故注以「至德要道」釋之。五等諸侯，則公、侯、伯、子、男。舊解云：公者，正也，言正行其事；侯者，候也，言斥候而服事；伯者，長也，爲一國之長也；子者，字也，言字愛於小人；男者，任也，言任王之職事也。爵則上皆勝下，若行事亦互相通。《舜典》曰「輯五瑞」，孔安國曰「舜斂公、侯、伯、子、男之瑞」，則堯舜之代已有五等諸侯也。五等，公爲上等，侯、伯爲次等，子、男爲下等，則「小國之臣」謂子、男卿大夫，況此諸侯則至卑也。《曲禮》云：「列國之大夫，入天子之國曰『某士』。」諸侯言「列國」者，兼小大，是小國之卿大夫有見天子之禮也。言雖至卑，盡來朝聘，則天子以禮接之。按《周禮·掌客》云：上公饔餼九牢，飧五牢；侯、伯饔餼七牢，飧四牢；子、男饔餼五牢，飧三牢，三等。其五等之介、行人、宰史，皆有飧、饔餼，唯上介有禽獻。其卿大夫、士有特來聘問者，則待之如其爲介時也。是待諸侯及其臣之禮也，是皆廣敬之道也。《詩》《書》之言萬國者多矣，亦猶言萬方，是舉多而言之，不必數滿於萬也。皇侃云：「《春秋》稱『禹會諸侯於塗山，執玉帛者萬國』，言禹要服之内，地方七千里，而置九州；九州之中，有方百里、七十里、五十里之國，計有萬國也。」因引「《王制》殷之諸侯有千七百七十三國也。《孝經》稱周諸侯有九千八百國，所以證萬國爲夏法也」。信如此説，則《周頌》云「綏萬邦」，《六月》云「萬邦爲憲」，豈周之代復有萬國乎？今不取也。「言行孝道以理天下，皆得歡心，則各以其職來助祭也」者，言明王能以孝道理於天下，則得諸侯之歡心，以事其先王也。「各以其職來祭」，謂天下諸侯各以其所職貢來助天子之祭也。

陳注：夫子言昔者明王之以孝道而治理天下也，推其愛敬之心，至於附庸小國之臣，尚不敢有所遺忽，而況於公、侯、伯、子、男大國之臣乎？以此之敬，所以合天下大小萬國之衆，而皆得其歡悦之心。以此事奉其先王，則尊養之至，而明王能以孝道倡其化於上矣。

《本義》《大全》：此又廣上文教可化民之意而極言之。言明王見理最明，故以孝治天下，愛敬其親，不敢惡慢於人，雖小國之臣尚不敢忘，況公、侯、伯、子、男五等之諸侯乎？故得萬國歡悦之心。尊君親上，同然無閒，人心和而王業固，社稷靈長，世德光顯，以此事其先王，孝道至矣，教之本立矣。　草廬吴氏曰：天子、諸侯無生親可事，故以事其先王、先君爲孝。或曰：子謂天子、諸侯無生親可事，獨無母存者乎？曰：聖人立言，舉尊以包卑。故上章及此章與《中庸》論武王、周公，皆以宗廟事死之孝而言。若有母存，則事生之孝固在其中。　維祺按：草廬謂無生親可事，又云有生母可事。然謂之明王，則豈必無一王有生親可事乎？如舜之瞽瞍，漢高之太上皇，非生親耶？此特舉其重者而言。生父、生母，固在其中，不然下何以言「生則親安之」也？其生則親安，獨爲卿大夫以下發耶？　又按：鄭氏謂得萬國之歡心以事其先王，言孝道以理天下，皆得歡心，以其職來助祭。祺謂得歡心，所包者廣，不止言助祭。

按：「以孝治天下」，「以」字有力，趕至「子、男乎」語氣方住下。用「故」字接，是轉語。孝治處，全在「不敢遺」云云，非以得萬國歡心事先王方爲孝治也。以小國之臣，形出五等諸侯，皆不敢遺忽。陳注以五等諸侯之臣言，未是敬禮偏於萬國。故能得其歡心事先王，還是明王自事。萬國皆歡心，而明王所以事先王者，尊養無遺憾矣。助祭之説，吕氏已辨之。　草廬吴氏以得萬國之歡心爲孝之效驗，乃所以見其事先之孝。其説未然。還是得萬國歡心以事先王,方完得孝之分量耳。　得萬國歡心,貢獻亦所應有,但事先王不專在此。　親安鬼享在後,此處且就事之無憾説,勿犯安享意。

治國者不敢侮於鰥寡,而況於士民乎?故得百姓之歡心,以事其先君。

《注》:理國,謂諸侯也。鰥寡,國之微者,君尚不敢輕侮,況知義理之士乎?諸侯能行孝理,得所統之歡心,則皆恭事助其祭享也。

《疏》:此説諸侯之孝治也。言諸侯以孝道治其國者,尚不敢輕侮於鰥夫寡婦,而況於知禮義之士民乎?亦言必不輕侮也。以此故得其國内百姓歡悦,以事其先君也。《易》曰:「先王以建萬國,親諸侯。」是諸侯之國。上言明王「理天下」,此言「理國」,故知諸侯之國也。「鰥寡,國之微者,君尚不敢輕侮」者,按《王制》云「老而無妻者謂之鰥,老而無夫者謂之寡。此天下民之窮而無告者也」,則知鰥夫寡婦是國之微賤者也。言微賤者,君尚不輕侮,況知禮義之士乎?釋經之「士民」,《詩》「彼都人士」,《左傳》曰「多殺國士」,

此皆説指有知識之人，不必居官受職之士，謂民中知禮義者。「諸侯能行孝理，得所統之歡心」者，此言諸侯孝治其國，得百姓之歡心。一國百姓，皆是君之所統理，故以「所統」言之。「則皆恭事助其祭享也」者，「祭享」謂四時及禘祫也。於此祭享之時，所統之人則皆恭其職事，獻其所有，以助於君，故云「助其祭享」也。

陳注：一命以上爲士。諸侯皆有卿大夫，止言士者，舉小以見大耳。百姓，謂百官宗族。先君，始受命爲國君者也。夫子言諸侯分治一國者也，當體明王孝治天下之心，而亦以孝治其國。推其愛敬之心，以及於國人，即至於鰥寡之微，亦不敢侮慢之，而況於士民乎？以此之故，所以合國中百官族姓之衆，無不得其歡悦之心。以此事奉其先君，則可謂能體明王孝治之心以爲心，而成化於國矣。

《本義》：以此教諸侯而治一國者，不敢侮慢於無妻之鰥、無夫之寡，況知禮義之士與齊民乎？緣此，故得一國百姓之歡心以事其先君。

按：鰥寡是窮民，士民之民是平民，有分。百姓，指民，以下該上。陳注以爲百官族姓，未是。事先君，亦不必言助祭享。

治家者不敢失於臣妾，而況於妻子乎？故得人之歡心，以事其親。

《注》：理家，謂卿大夫。臣妾，家之賤者。妻子，家之貴者。卿大夫位以才進，受禄養親。若能孝理其家，則得小大之歡心，助其奉養。

《疏》：説卿大夫之孝治也。言以孝道理治其家者，不敢失於其家臣妾賤者，而況於妻子之貴者乎？言必不失也。故得其家之歡心，以承事其親也。「理家，謂卿大夫」者，案下章云「大夫有争臣三人，雖無道，不失其家」，《禮記·王制》曰「上大夫卿」，則知「治家」謂卿大夫。「臣妾，家之賤者」，按《尚書·費誓》曰「竊馬牛，誘臣妾」，孔安國云「誘偷奴婢」。既以臣妾爲奴婢，是「家之賤者」也。「妻子，家之貴者」，案《禮記》哀公問於孔子，孔子對曰：「妻者，親之主也，敢不敬與？子者，親之後也，敢不敬與？」是「妻子，家之貴者」也。「卿大夫位以材進」者，案《毛詩》傳曰：「建邦能命龜，田能施命，作器能銘，使能造命，升高能賦，師旅能誓，山川能説，喪紀能誄，祭祀能語。君子能此九者，可謂有德音，可以爲大夫。」是「位以材進」也。「受禄養親」者，受其所禀之禄以養其親。「若能孝理其家，則得小大之歡心」者，謂小大皆得其歡心。小謂臣妾，大謂妻子也。「助其奉養」者，案《禮記·内則》稱子事父母，婦事舅姑，日以「雞初鳴，咸盥漱，以適父母、舅姑之所。問衣燠寒，饘、酏、酒、醴、芼、羹、菽、麥、蕡、稻、黍、粱、秫唯所欲，棗、栗、飴、蜜以甘之。父母、舅姑必嘗之而後退」，此皆奉養事親也。天子、諸侯繼父而立，故言「先王」「先君」也。大夫唯賢是授，居位之時，或有俸禄以逮於親，故言「其親」也。注順經文，所以言「助其奉養」，此謂事親生之義也。若親以終没，亦當言助其祭祀也。明王言「不敢遺小國之臣」，諸侯言「不敢侮於鰥寡」，大夫言「不敢失於臣妾」者，劉炫云：「『遺』謂意不存録，侮謂忽慢其人，『失』謂不得其意。小國之臣位卑，或簡其禮，故云『不敢遺』也；鰥寡，人中賤弱，或被人輕侮欺陵，故云『不敢侮』也；臣妾營事産業，宜須得其心力，故云『不敢失』也。明王『況公侯伯子男』、諸侯『況士民』、卿大夫『況妻子』者，以王者尊貴，故況列國之貴者；諸侯差卑，故況國中之卑者。以五等皆貴，故況其卑也；大夫或事父母，故況家人之貴者也。」

陳注：夫子又言卿大夫各治一家者也，亦當體明王孝治天下之心，而以孝治其家。推其愛敬之心，即下及於臣妾，曾不少失其心。彼疏賤者尚如此，而況於妻子之親貴者乎？以此之故，所以合一家之衆，無貴無賤，無親無疏，而各得其歡悦之心。以此事其父母，則可謂能體明王孝治之心以爲心，而成其化於家矣。

《本義》《大全》：以此教卿大夫、士、庶人而治一家者，不敢有愆失於臣僕妾侍之疏賤,况妻子之貴而親乎?緣此,故得一家人之歡心以事其親。此二段皆言明王孝治天下之教,有以感化之,非謂中一節爲諸侯之孝,末一節爲卿大夫、士、庶之孝也。如此看,方爲周帀,且觀末節結語云「故明王之以孝治天下如此」可見。

按:「不敢遺」「不敢侮」「不敢失」,自是推愛敬於親之心以及之,所謂以孝爲治也。以一家言,若治家不善,人獲怨心,則親必不喜。《中庸》所謂「宜室家,樂妻孥,方得父母順」,正是此意。國與天下可推矣。事其親是自己事,不可謂助養。

夫然,故生則親安之,祭則鬼享之,是以天下和平,災害不生,禍亂不作,故明王之以孝治天下也如此。

《注》:「夫然」者,上孝理皆得歡心,則存安其榮,没享其祭。上敬下歡,存安没享,人用和睦,以致太平,則災害、禍亂無因而起。言明王以孝爲理,則諸侯以下化而行之,故致如此福應。

《疏》:此總結天子、諸侯、卿大夫之孝治也。言明王孝治其下,則諸侯以下各順其教，皆治其國家也。如此各得歡心，親若存則安其孝養，没則享其祭祀，故得和氣降生，感動昭昧。是以普天之下和睦太平，災害之〔一〕萌不生，禍亂之端不起。此謂明王之以孝治天下也，能致如此之美。　皇侃云：「天反時爲災，謂風雨不節；地反物爲妖，妖即害物，謂水旱傷禾稼也。善者逢殃爲禍，臣下反逆爲亂也。」　按上文有明王、諸侯、大夫三等，而經獨言明王孝治如此者，言由明王之故也，則諸侯以下奉而行之，而功歸於明王也。

「故致如此福應」者，「福」謂天下和平，「應」謂災害不生、禍亂不作。

陳注：生謂父母存時，祭謂没後奉祀。安者，其心無憂；享者，其魂來格也。人死曰鬼，氣屈而歸也。災害，如水旱、疾疫之類生於天者；禍亂，如賊君、弑父之類作於人者。上文既言天子、諸侯、卿大夫皆以孝治天下國家，而得人之歡心，以事其先王、先公與親。此又總承上文而言。夫惟如此，故生而養，則親安之；没而祭，則鬼享之。是以普天之下和睦太平。和則無乖戾之氣，而災害不生；平則無悖逆之争，而禍亂不作。總繇明王身爲率行孝道於上，而諸侯以下化而行之，故明王之以孝治天下也，有如此之美也。

〔一〕「之」字原重，據《孝經注疏》删一「之」字。

《本義》：承上三節誠然，故親生而存，則安其養，而心志和；親歸而鬼，則享其祭，而魂魄寧。盡天地間，無一非孝所薰蒸，心和、氣和，天地之和應之，天下無不歸於太和蕩平，而災害禍亂自潛消默化矣。故總結之曰：此明王之以孝治天下也如此。蓋由天子身率於上，諸侯以下儀而行之，故能如此也。

按：「夫然」讀斷。生則親安，承事其親；祭則鬼享，承事先王。先君亦只是大概如此說，不可泥定。「天下和平」云云，似不干親安鬼享之事，總是從「不敢遺」「不敢侮」「不敢失」以得歡心來。舊注云：上敬下歡，訓「夫然」二字。存安没樂，謂「生祭」二句。人用和睦，以致太平云云，謂「天下和平」三句。上敬下歡，貫下兩層，非以「人用和睦」承「存安没享」也。「明王以孝治天下也如此」，比首節推開一層。首節以孝治天下，只就「不敢遺」說。此處則連諸侯、卿大夫，皆明王之孝治所及也。

《詩》云：「有覺德行，四國順之。」

《注》：覺，大也。義取天子有大德行，則四方之國順而行之。

《疏》：夫子述昔時明王孝治之義畢，乃引《大雅·抑》篇贊美之。

按：「覺」訓大爲是。呂氏《大全》引虞德園之説，以「覺」爲良知交徹的妙處，是姚江一派話。大抵呂忠節之學，自姚江而晴川，而西川，而雲浦，淵源有自，故未免多引王門諸人之説以江〔一〕《孝經》耳。先王以孝治天下，有大德行也。諸侯、卿大夫各以孝治四國，順而行之也。

旨：按此章重「明王以孝治天下」句，故首尾兩提此語。明王孝治天下有數層意，當分析。不敢遺小國之臣，是明王推愛敬以及人，正是以孝去治天下，得萬國歡心以事先王。是以孝治天下，而益成其孝也。諸侯、卿大夫又是因明王之孝治，而各以孝治，總成明王之孝治也。親安鬼享，至禍亂不作，是説效。

講：此言孝治以見孝之大也。子曰：昔者明王在上，不止自盡其孝，而其以孝治天下也。推愛敬之心以及人，雖小國之臣來朝，亦隆其禮遇，不敢遺棄，而況於見公、侯、伯、子、男五等之君，有不隆其禮遇者乎？不敢遺，故能得萬國之歡心，同然無閒，王業鞏固，社稷靈長，以事其先王，而何非明王之孝乎？諸侯法明王之孝治天下，而以孝治其國，

〔一〕「江」字難解，疑爲「注」字形訛，或「講」字音訛。

即其國中鰥寡無告之人，亦不敢侮慢，而況於爲士民者敢侮慢乎？不敢侮，故能得國中百姓之歡心，國祚久安，以事其先君，而益成其孝矣。　卿大夫法明王之孝治天下，而以孝治其家，即其家中僕婢至賤之人，亦不敢失其意，而況於妻子之貴者敢失其意乎？不敢失，故能得其家人之歡心，門内雍穆，以事其親，而益成其孝矣。　夫惟不敢遺、不敢侮、不敢失，而得歡心有然，故以之事親於生，則親安之；事先王、先君於既没，則鬼享之。是以天下和氣翔洽，太平無事，天運之災害不生，人事之禍亂不作，故明王之以孝治天下也，其極功至如此。　夫明王之孝治，明王之德行也。諸侯、卿大夫之孝治，四國之效明王也。《詩・大雅・抑》之篇有云：一人有大德行爲之標準，則四國皆順之而行。以觀孝治，詎不然哉！

孝經詳説卷二終

孝經詳説卷三

牟陽冉覲祖輯撰

聖治章第九

《疏》：此言曾子聞明王孝治以致和平，因問聖人之德更有大於孝否？夫子因問而説聖人之治，故以名章，次《孝治》之後。

《大全》：今文、古文皆有。古文「無以加於孝」，多「其」字；「來祭」，多「助」字；「父子之道」二句，有「子曰」，無二「也」字；「故不愛其親」句，有「子曰」，無「故」字；「君子不貴也」，爲「君子所不貴」；「言思」「行思」之思，古文爲「斯」，餘同。今文爲《聖治章》。朱子曰：「悖禮」以上皆格言，但「以順則逆」以下，則又雜取《左傳》所載季文子、北宫文子之言，與此上文既不相應，而彼此得失又如前章所論子産之語，今删去凡九十字。季文子曰：「以訓則昏，民無則焉。不度於善，而皆在於凶德，是以去之。」北宫文子曰：「君子在位可畏，施舍可愛，進退可度，周旋可則，容止可觀，作事可法，德行可象，聲氣可樂，動作有文，言語有章，以臨其下。」　維祺按：孔子述而不作，觀此文與《左傳》語皆極精，則或古有是言，而孔子述之耶？或孔子言之，左氏述以用之於《傳》，借古人名字發自己議論，所謂左氏之言夸也。又按：孔子《文言》「元者，善之長也」等語皆極精，而左氏則取爲穆姜之言。可以穆姜之言，遂疑《文言》雜取《左傳》耶？

曾子曰：敢問聖人之德，無以加於孝乎？

《注》：參聞明王孝理以致和平，又問聖人德教更有大於孝不？

《疏》：夫子前説孝治天下，能致災害不生、禍亂不作，是言德行之大也。　曾子問曰：聖人之德，更有加於孝乎？乎，猶否也。

陳注：聖人以在位者言之。　曾子有推廣之思，而爲此問。

《本義》：此又極言孝之大者，而聖人因以立教也。曾子既聞孝道之大，與孝治極至之效，故有此問。

按：「聖人之德」德字，或云承上「有覺德行」而問。引《詩》只是借證，非所重，不當泥。

子曰：天地之性人爲貴，人之行莫大於孝，孝莫大於嚴父，嚴父莫大於配天，則周公其人也。

《注》：貴其異於萬物也。孝者，德之本也。萬物資始於乾，人倫資父爲天，故孝行之大，莫過尊嚴其父也。謂父爲天，雖無貴賤，然以父配天之禮始自周公，故曰「其人」也。

《疏》：夫子承問而釋之曰：天地之性人爲貴。性，生也。言天地之所生，唯人最貴也。人之所行者，莫有大於孝行也。孝行之大者，莫有大於尊嚴其父也。嚴父之大者，莫有大於以父配天而祭也。言以父配天而祭之者，則文王之子、成王叔父周公是其人也。夫稱貴者，是殊異可重之名。按《禮運》曰：「人者，五行之秀氣也。」《尚書》曰：「惟天地萬物父母，惟人萬物之靈。」是異於萬物也。「萬物資始於乾」者，《易》云「大哉乾元，萬物資始」是也。「人倫資父爲天」者，鄭玄曰：「父者，子之天也。」杜預《左氏傳》曰：「婦人在室則天父，出則天夫。」是人倫資父爲天也。「故孝行之大，莫過尊嚴其父也」者，尊，謂崇也；嚴，敬也。父既同天，故須尊嚴其父，是孝行之大也。「謂父爲天，雖無貴賤」者，此將釋配天之禮始自周公，故先張此文，言人無限貴賤，皆得謂父爲天也。「以父配天之禮始自周公」者，但以父配天，偏檢群經，更無殊説。按《禮記》有虞氏尚德，不郊其祖，夏殷始尊祖於郊，無父配天之禮也。周公大聖，而首行之。禮無二尊，既以后稷配郊天，不可又以文王配之。五帝，天之别名也。因享明堂而文王配之，是周公嚴父配天之義也，亦所以申文王有尊祖之禮也。經稱「周公其人」，注順經旨，故曰「始自周公」也。

陳注：周公，名旦，文王之子，武王之弟，成王之叔父，食采於周，位居三公，故稱周公。

「天地之性人爲貴」者，謂天地生人與物，皆有一副當然之理，是之謂性。然人得其全，物得其偏，是人爲天地之心而萬物之靈，故云然也。人之百行多端，而以孝爲本，故曰「人之行莫大於孝」。承之以「孝莫大於嚴父，嚴父莫大於配天」者，言人子之孝其親者，無所不至，而莫大於尊敬其父；尊敬其父者，亦無所不至，而莫大於配享上天也。蓋上天之尊，尊無與對，而能以己之父與之配享，則所以尊敬其父者至矣，極矣，不可以復加矣。然仁人孝子，愛親之心雖無窮，而立經陳紀制禮之節則有限，自古及今，惟周公輔佐成王始行配天之禮，故曰「則周公其人也」。

《本義》《大全》：孔子言人與物均得天地之氣以成形，天地之理以成性，然物得氣之偏，其質蠢；人得氣之全，其質靈，是以人能全其性以與天地參，而物不能也，故天地之性惟人爲貴。然人之所以貴者以此性,而性之德爲仁,義、禮、智,皆統於仁。仁主於愛,愛莫先於愛親,故人之行莫大於孝。貴則不容自賤,大則不容自小。孝之大無所不至,而莫大於尊敬其父。尊敬其父無所不至,而莫大於以父配享上天。惟天爲大,至尊無對,而以己之父配之,則尊敬之者至矣。仁人孝子愛親之心無窮,而禮制有限。即前代有勢位可以自盡者,不知制爲此禮。求其盡孝之大,而得自盡此心、能自盡此禮者,惟周公其人而已。象山陸氏曰:人生天地之間,稟陰陽之和,抱五行之秀,其爲貴孰得而加焉?使能因其本然,全其固有,則所謂貴者固自有之,自知之,自享之,而奚以聖人之言爲?惟夫陷溺於物欲,而不能自拔,則其所貴者類出於利欲,而良貴由是寖微。聖人憫焉,告之以「天地之性人爲貴」,則所以曉之者至矣。

按:「天地之性人爲貴」,此《孝經》言性處最爲緊關。必得此語,方見得孝原於性,而非後來添設也。邢《疏》只以性爲生,是不知性之説。陳注乃以性爲當然之理,及吕氏《大全》,其説益明。蓋天地生人生物,皆賦以性,而其理最全者則人也,故人爲貴。人之行,即是率性爲行。陸象山只説陰陽五行純是氣一邊,不肯説出理字,故先儒謂象山不識性。「嚴父」,「嚴」字著力,謂嚴敬其父也。「嚴父配天」,極其大者言之,猶《孟子》

説舜尊養之至，非可例論。　此先提起周公，下文詳其事。

昔者周公郊祀后稷以配天，宗祀文王於明堂以配上帝。是以四海之内，各以其職來祭。夫聖人之德，又何以加於孝乎？

《注》：后稷，周之始祖也。郊，謂圜丘祀天也。周公攝政，因行郊天之祭，乃尊始祖以配之也。明堂，天子布政之宫也。周公因祀五方上帝於明堂，乃尊文王以配之也。君行嚴配之禮，則德教刑於四海。海内諸侯，各修其職來助祭也。言無大於孝者。

《疏》：前陳周公以父配天，因言配天之事。自昔武王既崩，成王年幼即位，周公攝政，因行郊天祭禮，乃以始祖后稷配天而祭之；因祀五方上帝於明堂之時，乃尊其父文王以配而享之。尊父祖以配天，崇孝享以致敬，是以四海之内有土之君，各以其職貢來助祭也。既明聖治之義，乃總其意而答之也。周公，聖人，首爲尊父配天之禮，以極於孝敬之心。則夫聖人之德，又何以加於孝乎？是言無以加也。「后稷，周之始祖」者，按《周本紀》云：后稷，名棄。其母有邰氏女，曰姜嫄，爲帝嚳元妃。出野見巨人跡，心忻然，欲踐之。踐之而身動如孕者，居期而生子。以爲不祥，棄之隘巷，馬牛過者皆辟不踐；徙置之林中，適會山林多人；遷之而棄渠中冰上，飛鳥以其翼覆藉之。姜嫄以爲神，遂收養長之。初欲棄之，因名曰棄。爲兒，好種樹麻、菽。及爲成人，遂好耕農。帝堯舉爲農師，天下得其利，有功。帝舜曰：「棄，黎民阻飢，汝后稷播時百穀。」封棄於邰，號曰后稷。后稷曾孫公劉復修其業。自后稷至王季十五世而生文王，受命作周。按《毛詩・大雅・生民》之序曰「生民，尊祖也。后稷生於姜嫄，文、武之功起於后稷，故推以配天焉」是也。「郊，謂圜丘祀天」者，此孔《傳》文。祀，祭也。祭天謂之郊。《周禮・大司樂》云：「凡樂，圜鍾爲宫，黄鍾爲角，太蔟爲徵，姑洗爲羽。靁鼓、靁鼗，孤竹之管，雲和之琴瑟，《雲門》之舞。冬日至，於地上之圜丘奏之，若樂六變則天神皆降，可得而禮矣。」《郊特牲》曰：「郊之祭也，迎長日之至也，大報天而主日也。兆於南郊，就陽位也。」又曰：「郊之祭也，大報本反始也。」言以冬至之後日漸長，郊祭而迎之，是建子之月，則與經俱郊祀於天，明圜丘南郊也。「周公攝政，因行郊天之祭，乃尊始祖以配之」者，按《文王世子》稱：「仲尼曰：『昔者周公攝政，踐阼而治，抗世子法於伯禽，所以善成王也。』」則郊祀是周公攝政之時也。《公羊傳》曰：「郊則何爲必祭稷？王者必以其祖配。王者則曷爲必以其祖配？自内出者，無主不行；自外至者，無主不止。」言祭天，則天神爲客，是外至也。須人爲主，天神乃至。故尊始祖以配天神，侑坐而食之。按《左氏傳》曰：「凡祀，啟蟄而郊。」又云：「郊祀后稷，以祈農事也。」而鄭注《禮·郊特牲》乃引《易説》曰：「三王之郊，一用夏正，建寅之月也。此言迎長日者，建卯而晝夜分，分而日長也。」然則春分而長短分矣，此則迎在未分之前。「至」謂春分之日也。夫至者，是長短之極也。明分者，晝夜均也。分是四時之中，啟蟄在建寅之月，過至而未及分，必於夜短方爲日長，則《左氏傳》不應言啟蟄也。若以日長有漸，郊可豫迎，則其初長宜在極短之日。故知《傳》啟蟄之郊是祈農之祭也，《周禮》冬至之郊是迎長日報本反始之祭也。鄭玄以《祭法》有「周人禘嚳」之文，遂變郊爲祀感生之帝，謂東方青帝靈威仰，周爲木德，威仰木帝，以后稷配蒼龍精也。韋昭所著亦符此説。惟魏太常王肅獨著論以駁之曰：「按《爾雅》曰：『祭天曰燔柴，祭地曰瘞薶。』又曰：『禘，大祭也。』謂五年一大祭之名。又《祭法》祖有功、宗有德，皆在宗廟，本非郊配。若依鄭説，以帝嚳配祭圜丘，是天之最尊也。周之尊帝嚳不若后稷。今配青帝，乃非最尊，實乖嚴父之義也。且偏窺經籍，並無以帝嚳配天之文。若帝嚳配天，則經應云禘嚳於圜丘以配天，不應云『郊祀后稷』也。天一而已，故以所在祭，在郊則謂爲圜丘，言於郊爲壇，以象圜天。

圜丘即郊也，郊即圜丘也。」其時中郎馬昭抗章固執，當時勅博士張融質之。融稱：漢世英儒自董仲舒、劉向、馬融之倫，皆斥周人之祀昊天於郊以后稷配，無如玄説配蒼帝也。然則《周禮》圜丘，則《孝經》之郊。聖人因尊事天，因卑事地，安能復得祀帝嚳於圜丘，配后稷於蒼帝之禮乎？且在《周頌》「思文后稷，克配彼天」，又「《昊天有成命》，郊祀天地也」。則郊非蒼帝，通儒同辭，肅説爲長。「明堂，天子布政之宫」者，按《禮記·明堂位》：「昔者周公朝諸侯於明堂之位，天子負斧依南鄉而立。」「明堂也者，明諸侯之尊卑也。」「制禮作樂，頒度量而天下大服。」知明堂是布政之宫也。「周公因祀五方上帝於明堂，乃尊文王以配之」者，「五方上帝」即是上帝也。謂以文王配五方上帝之神，侑坐而食也。按鄭注《論語》云：「皇皇后帝，並謂太微五帝。在天爲上帝，分王五方爲五帝。」舊説明堂在國之南，去王城七里，以近爲媟；南郊去王城五十里，以遠爲嚴。五帝卑於昊天，所以於郊祀昊天，於明堂祀上帝也。其以后稷配郊，以文王配明堂，義見於上也。五帝，謂東方青帝靈威仰，南方赤帝赤熛怒，西方白帝白招拒，北方黑帝汁光紀，中央黄帝含樞紐。鄭玄云：「明堂居國之南，南是明陽之地，故曰明堂。」按《史記》云：「黄帝接萬靈於明庭。」明庭，即明堂也。明堂起於黄帝。《周禮·考工記》曰：「夏后曰世室，殷人重屋，周人明堂。」先儒舊説，其制不同。按《大戴禮》云：「明堂凡九室，一室而有四户八牖，三十六户七十二牖，以茅蓋屋，上圓下方。」鄭玄據《援神契》云：「明堂上圓下方，八牖四闥。」《考工記》曰：「明堂五室。」稱九室者，或云取象陽數也；八牖者，陰數也，取象八風也；三十六户，取象六甲子之爻，六六三十六也。上圓象天，下方法地。八牖者，即八節也；四闥者，象四方也。稱五室者，取象五行。皆無明文也，以意釋之耳。此言宗祀於明堂，謂九月大享靈威仰等五帝，以文王配之，即《月令》云「季秋大享帝」，注云：「偏祭五帝。」以其上言「舉五穀之要，藏帝藉之收於神倉」，九月西方成事，終而報功也。「君行嚴配之禮」者，此謂宗祀文王於明堂以配天是也。「德教刑於四海，海内諸侯各修其職來助祭」者，謂四海之内，六服諸侯各修其職，貢方物也。按《周禮·大行人》以「九儀辨諸侯之命，廟中將幣三享」；又曰「侯服貢祀物」，鄭云：「犧牲之屬。」甸服「貢嬪物」，注云：「絲枲也。」男服「貢器物」，注云：「尊彝之屬也。」采服「貢服物」，注云：「玄纁絺纊也。」衛服「貢材物」，注云：「八材也。」要服「貢貨物」，注云：「龜貝也。」此是六服諸侯「各修其職來助祭」。又若《尚書·武成》篇云「丁未，祀於周廟，邦、甸、侯、衛駿奔走，執籩豆」，亦是助祭之義也。

陳注：郊祀，祭天也。祭天於南郊，故曰郊。宗祀，謂宗廟之祭也。后稷，名棄，周之始祖。舜嘗命爲稷正，使教民播種百穀，始封於邰，爲諸侯，以君其國，故稱曰后稷也。文王，名昌，武王之父。明堂，王者出布政治之堂也。天以形體言，上帝以主宰言。天也，帝也，一也。郊祀后稷以配天，宗祀文王以配上帝，謂郊祭天則后稷配祭，而尊后稷猶乎天；宗祀祭上帝則以文王配祭，而尊文猶夫上帝也。周公之所以尊敬其祖父者如此，是以德教刑於四海，而四海之内爲諸侯者各以其職之所當然皆來助祭，敬供郊祀之事。夫以孝推之，至於配天，而又盡得四表之歡心，以事其親。孝之大也，誠可謂至極矣。則夫聖人之德，又有何者可以加於孝乎？

《本義》《大全》：「郊」，南郊祭天也。「宗」，謂别立一廟，爲百世不祧之宗也。「四海之内」謂四方諸侯。「其職」謂貢物。「來祭」，來助祭也。言周公制禮，既郊祀后稷以配天，猶必宗祀文王於明堂以配上帝，是爲百世不遷之宗。此禮一定，文王世世得以配天。此周公所以獨能遂其嚴父之心也，至此而孝親之心始無遺憾。然亦因其功德，禮所宜然，非私意。此孝之極至大而無以復加者，蓋極言孝之大至於如此，非謂人人皆必如此而後爲孝也。按《詩·周頌》曰：「思文后稷，克配彼天。立我烝民，莫匪爾極。貽我來牟，帝命率育。無此疆爾界,陳常于時夏。」蓋周人尊后稷以配天,故郊祀而頌之也。又按《詩·周頌》曰「我將我享,維羊維牛。維天其右之」,又曰「儀式刑文王之典,日靖四方。伊嘏文王,既右享之」,又曰「我其夙夜,畏天之威,于時保之」,蓋周人宗祀文王之詩也。合觀《思文》《我將》二詩,則知天即帝也。郊而曰天,所以尊之也;明堂而曰帝,所以親之也,故「尊尊而親親,周道備矣」。非至孝,何以能此? 按朱子謂傳釋「孝,德之本」,但嚴父配天,本因論武王、周公之事而贊美其孝之辭,非謂凡爲孝者皆欲如此也。又況孝之所以爲大者,本自有親切處,而非此之謂也。若必如此而後爲孝,則是使爲人臣子者皆有今將之心,而反陷於大不孝矣。作傳者但見其論孝之大,即以附此,而不知其非所以爲天下之通訓。讀者詳之,不以文害意焉可也。 祺按:此極論道之大至於配天,即《中庸》孔子稱舜大孝、武達孝,極論之,至於爲天子、宗廟饗、子孫保、追王上祀等事,非謂人人皆可有今將之心也。蓋此章與《中庸》論大孝,文王無憂,武王、周公達孝例同看。 陽冰李氏曰:此言周公制禮之事爾,猶《中庸》言「周公成文、武之德,追王大王、王季」也。周公制禮,成王行之。自周公言則嚴父,成王則嚴祖也。 司馬温公曰:「周公制禮,文王適其父,故曰嚴父。非謂凡有天下者,皆當以父配天。孝子之心,誰不欲尊其父?禮不敢踰也。」《書》祖己曰：「典祀無豐于昵。」孔子論孝亦曰：「祭之以禮。」漢以高祖配天，光武配明堂，文、景、明、章德業非不美，然不敢推以配天。近世明堂皆以父配，此乃誤識《孝經》之意，違先王之禮，不可以爲法也。　朱子曰：以始祖配天，須在冬至。冬至，一陽始生，萬物之始。祭用圜丘，器用陶匏、藁秸，服大裘而祭。宗祀九月，萬物之成。父者，我之所生；帝者，生物之祖，故推以爲配，而祭祀於明堂。　草廬吴氏曰：宗者，文王之廟。天子七廟，祖廟一，昭廟三，穆廟三。祖廟百世不毁，昭、穆六世後親盡則祧。其有功德當不祧者謂之宗。武王、成王時，文王居穆之第三廟；康王、昭王時，文王居穆之第二廟；穆王、共王時，文王居穆之第一廟；懿王時，文王親盡，在三穆之外，以其不當祧也，故於穆廟北别立一廟以祀文王，是名爲宗，不在六廟之數。穆王以前，文王雖未别立廟，遞居三穆廟中，然即其所居之廟，亦名爲宗。蓋初祔廟時，已定爲百世不祧之宗故也。明堂者，廟之前堂。凡廟之制，後爲室，室則幽暗；前爲堂，堂則顯明，故曰明堂。享人鬼尚幽暗，則於室；祀天神尚顯明，故於堂。上帝，即天也。祀之於郊，則尊之而曰天；祀之於堂，則親之而曰帝。冬至，於國門外之南郊築壇爲圜丘祀天，而以始祖后稷配；季秋，於文王廟之前堂祀帝，而以文王配。后稷封於邰，周家有國之始；文王三分天下有其二，周家有天下之始。故以后稷配天，文王配帝也。此禮一定，而周公之父世世得配天帝。此周公所獨能遂其嚴父之心也。

按：上文云嚴父當以明堂配上帝爲主，因舉禮制，連后稷言之。上帝即天，非謂五帝，《注》《疏》不必泥，陳注爲是。但舉其職，則貢物在内。孝之量，至此方無可加，非謂人之孝皆當如此也。呂忠節以舜大孝，武、周達孝爲比，極是。朱子是爲世立坊之意，亦當善看。

故親生之膝下，以養父母日嚴。聖人因嚴以教敬，因親以教愛。聖人之教不肅而成，其政不嚴而治，其所因者本也。

《注》：親，猶愛也。膝下，謂孩幼之時也。言親愛之心生於孩幼，比及年長，漸識義方，則日加尊嚴，能致敬於父母也。聖人因其親嚴之心，敦以愛敬之教，故出以就傅，趨而過庭，以教敬也；抑搔癢痛，懸衾篋枕，以教愛也。聖人順群心以行愛敬，制禮則以施政教，亦不待嚴肅而成理也。本，謂孝也。

《疏》：此更廣陳嚴父之由。言人倫正性，必在蒙幼之年。教之則明，不教則昧。言親愛之心，生在其孩幼膝下之時，於是父母則教示。比及年長，漸識義方，則日加尊嚴，能致敬於父母，故云「以養父母日嚴」也。是以聖人因其日嚴，而教之以敬；因其知親，而教之以愛。故聖人因之以施政教，不待嚴肅而自然成治也。然其所因者在於孝也。言本皆因於孝道也。「親，猶愛」者，嫌以親爲父母，故云「親猶愛也」。「膝下，謂孩提之時」者，案《內則》云：「子生三年，妻以子見於父，父執子右手，孩而名之。」按《説文》云：「孩，小兒笑也。」謂指其頤下，令之笑而爲之名，故知「膝下謂孩幼之時也」。「親愛之心生於孩幼之時」者，言孩幼之時已有親愛父母之心生也。「比及年長，漸識義方，則日加尊嚴，能致敬於父母」者，《春秋左氏傳》石碏曰：「臣聞：愛子，教之以義方。」方，猶道也，謂教以仁義合宜之道也。其教之者，按《禮記・內則》：「子能食食，教以右手；能言，男唯女俞；男鞶革，女鞶絲。六年，教之數與方名。七年，男女不同席、不共食。八年，出入門户，及即席飲食，必後長者，始教之讓。九年，教之數日。」又《曲禮》云：「幼子常視毋誑，立必正方，不傾聽；與之提攜，則兩手捧長者之手，負劍辟咡；詔之，則掩口而對。」注約彼文爲説，故曰「日加尊嚴」，言子幼而誨，及長則能致敬其親也。父子之道簡易則慈孝不接，狎則怠慢生焉,故「聖人因其親嚴之心,敦以愛敬之教」也。「出以就傅」者,按《禮記·内則》云:「十年出就外傅,居宿於外,學書計。」鄭云:「外傅,教學之師也。」謂年十歲出就外傅,居宿於外,就師而學也。按「十年出就外傅」,指命士以上。今此引之,則尊卑皆然也。「趨而過庭,以教敬」者,言父之與子於禮不得常同居處也。「抑搔癢痛,懸衾篋枕,以教愛」者,此並約《内則》文。按彼云:「以適父母、舅姑之所,及所,下氣怡聲,問衣燠寒,疾痛疴癢,而敬抑搔之。」「父母、舅姑將坐,奉席請何鄉。將衽,長者奉席請何趾,少者執牀與坐,御者舉几,斂席與簟,縣衾篋枕,斂簟而襡之。」鄭注云:「須臥乃敷之也。襡,韜也。」是父母未寢,故衾被則懸,枕則置篋中。言子有近父母之道,所以教其愛也。夫愛以敬生,敬先於愛,無宜待教,而此言教敬愛者,《禮記·樂記》曰:「樂者爲同,禮者爲異。同則相親,異則相敬。」「樂勝則流」,是愛深而敬薄也;「禮勝則離」,是嚴多而愛殺也。不教敬則不嚴,不教親則忘愛,所以先敬而後愛也。舊注取《士章》之義,而分愛、敬父母之別,此其失也。

陳注:夫子答曾子之問盡矣,此復申言聖人教人以孝之故也。言人子親愛父母之情,已生於膝下孩笑之時,以此至情而養其父母。然隨其年之漸長,則日加尊敬,而尊卑之際，又自有一定不可忽之分在焉。此人子良心之發最爲真切，人皆有之，不待學而能者。聖人之立教，亦惟因嚴以教敬，因親以教愛，循其人性之固然，而不加矯强，故其教不待戒肅而自成，其政不待威嚴而自治。民之大順，有不期然而然者。蓋孝爲德之本，而聖人之因嚴教敬，因親教愛，總因之以立教焉。是其所因者，本也。

《本義》《大全》：承上言聖人之德無加於孝，而教可知矣。此三節言因人愛敬之心而教之。下三節言恐人失愛敬之心，而必教之也。親，猶愛也，與上文「孝」字相應，下文「因親」之「親」即因此也。嚴，敬也，與上文「嚴父」之「嚴」相應，下文「因嚴」之「嚴」即因此也。言親愛之心生於孩幼，從此以奉養。年漸稍長，日加尊嚴於一日。此人之本性，良知良能也。聖人之教，因其嚴敬之心以教之敬，因其親愛之心以教之愛，故所云「聖人之教不肅而成，其政不嚴而治」。何以若是？蓋以因其本然有此愛敬之心而教之，非有加也。

勉齋黄氏曰：敬與愛皆事親，不能無也。父母，至親也，而愛心生焉；父母，至尊也，而敬心生焉，皆天理之自然，而非人之所强爲也。朱鴻曰：人稟天地之性，性具愛敬之良。夫膝下之時，正孩提之童也，便知親愛父母，是愛之萌芽也；嚴畏父母，是敬之萌芽也。

董鼎曰：孩提之童，無不知愛其親。聖人復恐其狎恩恃愛，而易失於不敬，於是因嚴教敬,使愛而不至於褻;又因親教愛,使敬而不致於疏。此聖人所以有功於人心天理,而扶植彝倫於不墜也。或曰:其教所以不待整肅而成、其政不待嚴厲而治者,由所因者本也。夫曰「因」則非强世,曰「本」則非外鑠。聖人何嘗不順群情,而勉强矯拂於其間?或問:女子亦當有教,自《孝經》之外,如《論語》只取其面前明白者教之,如何?朱子曰:亦可。如曹大家《女戒》、温公《家範》,亦好。

按:上文嚴父配天,孝道固極其大。然初無加於天地之性,所以將「故」字接上云云。上文從嚴父配天説開去,此節復從性行上説來。親嚴,即「愛敬」二字之變文。初時只知親,稍長漸知嚴。《注疏》父母教示一層,不必用。「養」字,只作「事」字看,亦從初時説起。親嚴雖屬固有,後恐失之,故聖人因而教之,使盡愛敬之道,親嚴其心也。教愛敬,則有實事在。惟其爲固有,所以教不肅而成,政不嚴而治。末句又補出本字,即謂本來之親嚴也。舊注云本謂孝,陳注云孝爲德之本。説孝固是,其實以親嚴之本心言也。吕氏《本義》説好。

父子之道,天性也,君臣之義也。父母生之,續莫大焉。君親臨之,厚莫重焉。

《注》：父子之道，天性之常，加以尊嚴，又有君臣之義。父母生子，傳體相續，人倫之道莫大於斯。謂父爲君，以臨於己，恩義之厚，莫重於斯。

《疏》：此言父子恩愛之情，是天生自然之道。父以尊嚴臨子，子以親愛事父。尊卑既陳，貴賤斯位，則子之事父如臣之事君。父母生己，傳體相續，此爲大焉。言有父之尊同君之敬，恩義之厚，此最爲重也。父子之道，自然慈孝，本乎天性，則生愛敬之心，是常道也。既能尊嚴於親，又有君臣之義，故《易・家人》卦曰：「家人有嚴君焉，父母之謂也。」是謂父母爲嚴君也。「續，連也」，言子繼於父母，相連不絕也。

陳注：此承上文「所因者，本也」句，而發明人子愛敬之情所以愛敬之。故父子之道爲天性，謂父子之愛原於天，率於性，而本於所固有。然子之事父，猶臣之事君，其尊卑之分又自有截。然不可忽者，是父子之閒又有君臣之義也。續者，繼先傳後之謂也。續莫大者，父母生子，子以生孫，人倫續於此。微父母，則吾何所託生，而人類幾滅矣。然則人倫之大，孰有大於父母者乎？厚莫重者，以父之親等君之尊，而臨乎人子，則恩義之罔極，與天同高，與地同厚，莫有重焉者矣。此可見人子愛敬之當先，所以莫有甚於父母也。

《本義》《大全》：此又承上而切言之。父子之道，其親也，天性然也，且其日嚴，有君臣之義焉。既親且嚴，故人子之身，氣始於父，形成於母，其體自連續，從此一氣而世世接續，其爲至親之續，孰大如此？《易》曰：「家人有嚴君焉，父母之謂也。」既爲至親，又爲嚴君，而臨乎我上，其爲極尊，而分義之隆厚，孰重於此？此愛敬之心所以不能自已也。朱子曰：人之所以有此身者，受形於母，而資始於父。雖有强暴之人，見子則憐；至於襁褓之兒，見父則笑。果何爲而然哉？初無所爲而然，此父子之道所以爲天性，而不可解也。然父子之閒，或有不盡其道者，是豈爲父而天性有不盡於慈，亦豈爲子而天性有不足於孝者哉？人心本明，天理素具，但爲物欲所昏，利害所蔽，故小則傷恩害義而不可問，大則滅天亂倫而不可救也。吴氏曰：人子之身，氣始於父，形成於母。其體連續，是爲至親，無有大於此者。既爲我之親，又爲我之君，而臨乎上，其分隆厚，是爲至尊，無重於此者。

按：「父子之道」，意重在子愛父邊。父子之愛，率其性之自然，故曰「天性」。父子有君臣之義，從父之尊看出。吕氏以天性屬親，以君臣之義屬嚴，分貼亦通，然語氣須遞下爲妥。「續」是子續父，「莫大」是從其續見得至親。依陳注，是説子續父爲人倫之大，覺泛。「君親臨之」，重君一邊，親而兼君也。「厚莫重焉」，依注只是恩之厚重。呂氏以爲分義之隆厚，言尊不言恩，稍不同。然呂氏之意，以「續莫大」屬「親」，以「君」屬「嚴」，故主尊不主恩，看來亦當遞説，不得平分。「續莫大」，承天性；「君親臨之」，承君臣之義，此却易見。父子一體相續，故有天性之愛。君臨於上，故其義至重。厚以分義重爲妥。「續莫大」「厚莫重」，所以不容不愛敬，當繳上文意，下遂反言之。

故不愛其親，而愛他人者，謂之悖德；不敬其親，而敬他人者，謂之悖禮。以順則逆，民無則焉。不在於善，而皆在於凶德。雖得之，君子不貴也。

《注》：言盡愛敬之道，然後施教於人，違此則於德禮爲悖也。行教以順人心，今自逆之，則下無所法則也。善，謂身行愛敬也。凶，謂悖其德禮也。言悖其德禮，雖得志於人上，君子之不貴也。

《疏》：此説愛敬之失，悖於德禮之事也。所謂「不愛、敬其親」者，是君上不能身行愛敬也;而「愛他人」「敬他人」者,是教天下行愛敬也。君自不行愛敬,而使天下人行,是謂「悖德」「悖禮」也。惟人君合行政教,以順天下之心。今則自逆不行,翻使天下之人法行於逆道,故人無所法則,斯乃不在於善,而皆在於凶德。在,謂心之所在也。凶,謂凶害於德也。如此之君,雖得志於人上,則古先哲王、聖人君子之所不貴也。「言盡愛敬之道,然後施教於人」者,此孔《傳》也,則《天子章》言「愛敬盡於事親,而德教加於百姓」是也。「違此則於德禮爲悖」者,按《禮記・大學》云:「堯、舜帥天下以仁,而民從之;桀、紂帥天下以暴,而民從之。其所令反其所好,而民不從。」是知人君若違此,不盡愛敬之道,而教天下人行愛敬,是悖逆於德禮也。「善,謂身行愛敬」者,謂身行愛敬乃爲善也。「凶,謂悖其德禮」者,悖,猶逆也。言逆其德禮則爲凶也。「雖得志於人上,君子所不貴」者,言人君如此,雖得志居臣人之上,幸免簒逐之禍,亦聖人君子之所不貴,言賤惡之也。

陳注:此反説爲上者愛敬之失,而悖於德禮之事。「悖德」「悖禮」云者,德主於愛,禮主於敬故也。

《本義》《大全》:德主愛,禮主敬,愛敬之心,原於一本,故必愛敬其親,而後推以愛敬他人,則於德禮不悖,而謂之順。若不愛敬其親,而先以愛敬他人,雖亦似德似禮,然其於德禮也悖矣。悖則謂之逆。則，法也。在，居也。教民者，將以順示則，而先自則於逆，民又何所則乎？夫順則爲善而吉，逆則爲凶。不居於善，而皆居於凶德，所以雖得志爲人上，君子弗貴也。上言聖人，此言君子，互文也。虞氏淳熙曰：續莫大焉，誰比得這天性？若不愛其親，而愛他人，愛雖是德，只叫做悖德。厚莫重焉，誰比得這大義？不敬其親，反敬他人，敬雖是禮也，只叫做悖禮。該順的道理，反把來逆做，誰去法則他？不惟無以成教，就是他的德看來是善，已不在善内矣。凡道理，順則吉，逆則凶。

按：「悖德」「悖禮」，悖於德，悖於禮也。「順」字若就上説，「則」字殊難安頓。謂自則於逆，不成話説；謂令民則逆，又於「以順」不聯。不如以「順」字屬「民」，謂欲令民以順而則我之逆，民必不肯則我。「無則」只作民不則爲是。民之順，謂民本來是順的，而却令其則逆。「民無則」，只是上悖德、悖禮，無以示民處。「逆」字，從兩「悖」字來。「善」字，只作「吉」「不在於善」二句，仍悖德、悖禮意，以結出君子不貴，非另一層意。君子不貴，是君字，與「凶」字對。得志民上，非初得位。照邢《疏》「幸免篡逐」，頗明。子不肯如是，下便接「不然」説。

君子則不然,言思可道,行思可樂,德義可尊,作事可法,容止可觀,進退可度,以臨其民。是以其民畏而愛之,則而象之,故能成其德教,而行其政令。

《注》:不然,不悖德禮也。思可道而後言,人必信也;思可樂而後行,人必悦也。立德行義,不違道正,故可尊也;制作事業,動得物宜,故可法也。容止,威儀也,必合規矩則可觀也;進退,動静也,不越禮法則可度也。君行六事,臨撫其人,則下畏其威、愛其德,皆放象於君也。上正身以率下,下順上而法之,則德教成、政令行也。

《疏》:前説爲君而爲悖德禮之事,此言聖人君子則不然也。君子者,須慎其言行、動止、舉措,思可道而後言,思可樂而後行,故德義可以尊崇,作業可以爲法,威容可以觀望,進退皆修禮法。以此六事君臨其民,則人畏威而親愛之,法則而象效之,故德教以此而成,政令以此而行也。言者,心之聲也。思者,心之慮也。可者,事之合也。道,謂陳説也。行,謂施行也。樂,謂使人悦服也。劉炫云:「德者,得於理也;義者,宜於事也。得理在於身,宜事見於外。」謂理得事宜,行道守正,故能爲人所尊也。作,謂造立也。事,謂施爲也。《易》曰：「舉而措之天下之民，謂之事業。」言能作衆物之端，爲器用之式，造立於己，成式於物，物得其宜，故能使人法象也。容止，謂禮容所止也。《漢書·儒林傳》云「魯徐生善爲容，以容爲禮官大夫」是也。威儀，即儀禮也。《中庸》云「威儀三千」是也。《春秋左氏傳》曰：「有威而可畏謂之威，有儀而可象謂之儀。」言君子有此容止威儀，能合規矩。按《禮記·玉藻》云：「周還中規，折還中矩。」鄭云：「反行也宜圜，曲行也宜方。」是合規矩，故可觀。進則動也，退則静也。《艮卦·彖》曰：「時止則止，時行則行，動静不失其時，其道光明。」是進退則動静也。動静不乖越禮法，故可度也。言君施行六事，以臨撫下人。六事，即「可度」以上之事有六也。《左傳》北宫文子對衛侯説威儀之事，稱「有威而可畏，謂之威；有儀而可象，謂之儀。君有君之威儀，其臣畏而愛之，則而象之」。又因引「《周書》數文王之德曰『大國畏其力，小國懷其德』，言畏而愛之也。《詩》云『不識不知，順帝之則』，言則而象之也」。又云：「君子在位可畏，施舍可愛，進退可度，周旋可則，容止可觀，作事可法，德行可象，聲氣可樂，動作有文，言語有章，以臨其下，謂之有威儀也。」據此，與經雖稍殊别，大抵皆敍君之威儀也。故經引《詩》云「其儀不忒」，其義同也。

陳注：此承「君子不貴」句，而表明君子之不然。君子，泛指聖帝明王。道，行也。

作，爲也。容主動，止主静。言思可道，謂必其言之可行於民者而後言。行思可樂，謂必其行之爲民所歡悦者而後行。德義可尊，謂立德行義，不違正道，而可爲民之尊崇。作事可法，謂制作事業，動得物宜，而可爲民之式法。容止可觀，謂威儀容貌合於規矩，而可爲民之觀瞻。進退可度，謂周旋動静不越繩尺，而可爲民之軌度。君子之謹其言行，慎其動止，舉措如此，由是以其身而臨涖斯民，則民畏其威，而敬如神明；愛其德，而親如父母。會極歸極，如衆星之共北辰，無不法則而象效，故德教以此有成，政令以此而行也。

《本義》：道，言也。蓋謂君子所貴者，推愛敬其親之心，以一歸之於順。故其發於言，措於行，修於德義，推於作事，容止進退之間無非愛敬，無非德禮，以此臨御其民，庶幾其順而可則矣。是以其民皆嚴而畏之，親而愛之，則其所以爲順者而倣象之，故德教成而政令行，何待嚴肅哉？然則「聖人之德，無以加於孝」較著矣。

按：上節爲逆，此節爲順。《大全》云「一歸於順」，當玩。但六事從愛敬推開説。「可道」，只是當言者言之。陳注是作「世爲天下道」「道」字解。作事，孔《疏》以器用爲説，可渾之。容止，陳注分動静，頗明，謂動容與止而不動也。邢《疏》「禮容所止」，止字欠分曉。「德教」應前「教不肅而成」，「政令」應前「政不嚴而治」。

《詩》云：「淑人君子，其儀不忒。」

《注》：淑，善也。忒，差也。義取君子威儀不差，爲人法則。

《疏》：夫子述君子之德既畢，乃引《曹風·鳲鳩》之詩以贊美之。言善人君子威儀不差失也。

陳注：《詩》言原美善人君子盛德之威儀，此則借以贊美君子之能順人心，而成其德教。

按：引《詩》似只結「君子不然」一節，然須綰合教愛敬意方全。君子，即是淑人。

旨：《本義》《大全》：此章首三節言聖人之德，後六節言聖人之教本於德，德生教，教本德，上下語似不屬，意實相承。此章言義理廣大，語意精深，脈絡貫通，原無可疑，而疑者紛紛謂首三節與「故親生之下」字義似不聯屬。維祺謂聖人之言，固未可輕議也。因前章極論孝道之大，而曾子猶問有加於孝者，孔子荅以雖以周公盡愛敬之道至於如此，亦非有加。下因極言聖人以孝立教，以明無加於孝之意。上言「莫大於孝」，下「親生」之親、「因親教愛」之愛，與上「孝」字相應；上言「莫大於嚴父」，下「日嚴」之嚴、「因嚴教敬」之敬，與上「嚴」字相應。「父子之道，天性」七句，又與上「親生」「日嚴」相應，而因承上以起下也。「故不愛其親」以下，又反言以見愛敬之可以立教，而遂以君子之教極言之也。上言聖人有此愛敬之心而能自盡，下言聖人因人皆有此愛敬之心而教之，使各隨分自盡。所謂「聖人之德，無以加於孝」者以此。

《講意先鞭》：此章分四段看，自「天地之性」至「又何以加於孝乎」，是因曾子之問，而舉周公祀父配天之事以告之，見得聖德無加於孝。故「親生之膝下」以至「君子不貴也」，是跟上文「孝」字，而追原愛敬之所由起，轉出聖人之施教立政以治天下，本於因心之孝來。「君子則不然」一段，是詳敘聖治之事，引《詩》乃以贊美之也。按此章因曾子之問而答之，當以「天地之性」二句爲提頭，本性以爲行，正切「德」字。而「嚴父配天」一段，從大處説，以見德無加於孝也。人不能如周公之嚴父配天，而各有其性，各有其行，故接之以「親生膝下」云云。聖人因以教愛敬，亦只是人之性也。「父子之道」，申言所以當教之愛敬。「不愛其親」，乃反言不愛敬其親，到「民無則」見得不能因民以教愛敬。「君子不然」，又正言能愛敬而民則，以繳上教政不肅、不嚴意。「言思可道」六句，推開説以見六事如此，則必能愛敬其親，而教民愛敬矣。與《三才章》「先之以博愛」云云文法相似。末引《詩》，當以教愛敬爲儀，成政教，見不忒。

呂忠節分德教以應首章，亦可玩。然以「聖

治」名章，當重在聖人教愛敬一截。　或云前是聖人盡其性，後是聖人教人盡其性。

講：此章論聖人之孝，而並及於聖人之教孝也。曾子問曰：孝道之與孝治極至之效如此，敢問聖人之德，其更無有加於孝之上者乎？子曰：孝之爲德，蓋原於性也。天地生人物，各賦以性，而人得其全，故惟人爲貴。人之率性爲行，其行多端，而莫大於孝。此在人無不然也。極推其量言之，孝莫大於尊崇其父，尊崇其父莫大於以其父配天，則惟周公始制此禮爲其人也。昔者周公制禮，祭天於郊，而以后稷配之；祀上帝於明堂，而尊文王爲宗以配之。是以四海之内諸侯各以其職所當貢者來助祭，配天而享萬國之祭。如此，聖人之德又何以加於孝乎？　然嚴父之禮，非人所可能，而其性無不同也，聖人則有以因性而教之矣。夫人自孩提，便知親愛其父母，是親愛之心原生之於膝下之時。及其漸有知識，以事奉其父母日有嚴敬之心。聖人在上，因其嚴而以敬親教之，因其親而以愛親教之。聖人之教，不待戒肅而成，其政不待威嚴而治。蓋其所因者，親嚴之心出於本性然也。聖人之教愛敬所以爲善因者，蓋父子之道，父愛子，子愛父，乃本於天性所固有也。父尊子卑，以言其分，又有君臣之義也。父母生此身，一氣相續，其恩莫有大焉。親而兼君，臨之於上，分義隆厚，莫有重焉。此所以各有親嚴之心，而聖人因之以教愛敬也。然教民愛敬,必先自愛敬其親,方爲順理,而民可則也。故在上不自愛其親,而教人愛親,是反愛他人之親,非德之本然,謂之悖於德也;不自敬其親,而教人敬親,是反敬他人之親,謂之悖於禮也。悖德、悖禮,則上先處於逆矣。民性本順,欲以其順而法我之逆,民必不肯法之,故無則焉。如此,則上之人,凡事不居於吉,而皆居於凶德,雖得志在民之上,而君子不以爲貴也。君子不貴,故君子不肯如是。教民愛敬,必先自愛敬其親,而且一無所苟。言必思其可道者言之,行必思其可令民樂者行之。立德行義,而可爲民尊崇;作事得宜,可爲民之法式;動容静止,可爲民之觀瞻;周旋進退,可爲民之軌度。如此以臨其民,有順無逆,是以其民畏其威而愛其德,無不法則而象似之,故能不肅而成其德教,不嚴而行其政令也。夫教成政行,豈不由君子之身教哉?《詩·曹風·鳲鳩》之篇有云:淑人君子,其身之威儀無所差忒,故可以正四國。聖人順人心以教愛敬,而又端其身教,乃云不忒矣。此所謂聖治也。

孝經詳説卷三終

孝經詳説卷四

牟陽冉覲祖輯撰

紀孝行章第十

《疏》：此章紀録孝子事親之行也。前章孝治天下，所施政教，不待嚴肅自然成理，故君子皆由事親之心，所以孝行有可紀也。故以名章，次《聖治》之後。或於「孝行」之下，又加「犯法」兩字，今不取也。

陳注：前數章俱統論乎孝治、孝道，此章則詳述乎孝子當行之事也。

《大全》：今文、古文俱有。古文「孝子之事親」下無「也」字，「三者不除」上多「此」字。今文爲《紀孝行章》。

子曰：孝子之事親也，居則致其敬，養則致其樂，病則致其憂，喪則致其哀，祭則致其嚴。五者備矣，然後能事親。

《注》：平居必盡其敬，就養能致其歡。色不滿容，行不正履；擗踴哭泣，盡其哀情；齊戒沐浴，明發不寐。五者闕一，則未爲能。

《疏》：致，猶盡也。言爲人子能事其親而稱孝者，謂平常居處在家之時，當須盡其恭敬。若進飲食之時，怡顔悦色，致親之樂；若親之有疾，則冠者不櫛，怒不至詈，盡其憂謹之心；若親喪亡，則攀號毁瘠，終其哀情也；若卒哀之後，當盡其祥練；及春秋祭祀，又當盡其嚴肅。此五者，無限貴賤，有盡能備者，是其能事親。「平居」，謂平常在家，孝子則須恭敬也。案《禮記・内則》云「子事父母，雞初鳴，咸盥漱，至於父母之所，敬進甘脆而後退」，又《祭義》曰「養可能也，敬爲難」，皆是盡敬之義也。《檀弓》曰「事親有隱而無犯，左右就養無方」，言孝子冬温夏凊，昏定晨省，及進飲食以養父母，皆須盡其敬安之心。不然，則難以致親之歡。《禮記・文王世子》云：「王季有不安節，則内豎以告文王，文王色憂，行不能正履。」又下文記古之世子亦朝夕問於内豎，「其有不安節，世子色憂不滿容」。此注減「憂」「能」二字者，以此章通於貴賤，雖儗人非其倫，亦舉重以明輕之義也。《祭義》曰：「孝子將祭，夫婦齊戒，沐浴盛服，奉承而進之。」言將祭必先齊戒沐浴也。

也。又云：「文王之祭也，事死如事生。《詩》云『明發不寐，有懷二人』，文王之詩也。」鄭注云：「『明發不寐』，謂夜而至旦也。『二人』，謂父母也。」言文王之嚴敬如此也。

陳注：致者，推而致其極也。病，謂疾之甚也。孝子之事親，無一時無一事而不念及於親者。其必平居則禮義祇肅，盡其恭而不敢忽；奉養則承顏順志，盡其歡樂而不敢怠；病則行止語默，何所不致其憂；喪則哭泣擗踊，何所不致其哀；祭則潔俎豆，肅駿奔，何所不致其嚴。持此五者以事親，而生存死没咸備。其道庶幾盡志於親，而無愧於子矣，故曰能事親也。　此節乃紀孝子當行之孝，以示勉也。

《本義》《大全》：敬者，不敢慢也。養，謂奉養。樂者，悦親之志也。憂，憂慮不遑寧處也。哀，哀戚追念痛切也。嚴，謂竭誠齊戒，精潔嚴肅也。備此五者，生事喪祭，無一不盡其愛敬，然後爲能事其父母。若有不備，不可謂能也。西山真氏曰：所謂「居則致其敬」者，言子之事親，須當恭敬，不得慢易。蓋父母者，子之天地也。爲人而不敬天地，必有雷霆之誅；爲子而慢父母，必有幽明之譴。所謂「養則致其樂」者，言人子養親，當順適其志，使之喜樂也。大凡高年之人，心歡樂，則疾病必少；若中懷憂戚，則易損天年。昔老萊子雙親年高已七十，常著綵衣爲童兒戲於親側，欲親之喜，正以此也。所謂「病則致其憂」者，言父母有疾，當極其憂慮也。昔王祥有母病三年，衣不解帶。親年既高，不能無病，人子當躬自侍奉，藥必親嘗，若有名醫，不惜涕泣懇告，以求治療之法，不必剔肝割股，然後爲孝。蓋身體髮膚，受之父母，或不幸因而致疾，未免反貽親憂。送終之禮，稱家有無，昔人所謂必誠必信者。惟棺椁衣衾至爲切要，其他繁文外飾皆不必爲。至如佛家追薦之説，固茫昧難知。然昔賢有言：天堂無則已，有則君子登；地獄無則已，有則小人入。苟明此理，則供佛飯僧，廣修齋事，其爲無益，灼然可知。沈氏鯉曰：灌、獻自兩事，今人混而爲一。蓋灌者，方祭之時，灌地降神，求神於陰；如燔膋蕭，達臭牆屋，求神於陽也。逮三獻，則神已來格矣，而亦以灌地，不野於禮乎？《存古篇》曰：今世祭禮久廢，無論水木，本源之思，弗忍恝然。藉令人子甘肥頤養，而其先人不獲沾一日之菽水，「若敖氏之鬼，不其餒」。而或曰吾貧不能備物也，吾不能爲席以延贊禮者也。噫！祭固所自盡也。大之牲醴珍錯，小之採山釣水，無不可以明孝也。又曰：但有新味，未薦祖先，不可輒自入口。朱鴻曰：父母平居之時，人子當致其恭敬，如昏定晨省，出告反面，夔夔齊慄之類。供養之時，當盡其歡樂，承顔順志，聚百順以娱其心，如斑衣戲綵而無所拂之類。父母有疾，當盡其憂，豈惟醫禱畢備，如行不翔，言不惰，色容不盛，冠帶不服之類。父母死喪，當致其哀，如擗踊哭泣，號呼籲天無已之類。歲時祭祀，當致其嚴，如齊戒竭誠，思其笑語居處之類。董鼎曰：人有一身，心爲之主；士有百行，孝爲之大。爲人子者，誠以愛親爲心，而不忘事親之孝，平居無事，常有以致其敬，則敬存而心存；一敬既立，遇養則樂，遇病則憂，遇喪則哀，遇疾則嚴。五者有一不備，不可謂能，然皆以敬爲本。

按：《孝經》一書，不言事親儀文，獨此「五致」該括無限，而諸書亦多引五者條目，詳覽之，可知事親之道矣。五者平列爲正，重首句「敬」字是別解。樂，陳注「盡其歡樂」就子説，與敬、憂、哀、嚴相類，頗優。

事親者居上不驕，爲下不亂，在醜不争。居上而驕則亡，爲下而亂則刑，在醜而争則兵。三者不除，雖日用三牲之養，猶爲不孝也。

《注》：不驕，當莊敬以臨下也。不亂，當恭敬以奉上也。醜，衆也。争，競也。不争，當和順以從衆也。兵，謂以兵刃相加。三牲，太牢也。孝以不毁爲先。言上三事皆可亡身，而不除之，雖日致太牢之養，固非孝也。

《疏》：此言居上位者不可爲驕溢之事，爲臣下者不可爲撓亂之事，在醜輩之中不可爲忿争之事。是以居上須去驕，不去則危亡也；爲下須去亂，不去則致刑辟；在醜輩須去争，不去則兵刃或加於身。若三者不除，雖復日日能用三牲之養，終貽父母之憂，猶爲不孝之子也。「醜，衆」，《釋詁》文。《左傳》曰：「師競已甚。」杜預云：「競，猶争也。」故注以競釋争也。《左傳》云晉范鞅「用劍以帥卒」，杜預曰：「用短兵接敵。」此則刀劍之屬，謂之兵也。必有刃，堪害於人。言處儕衆之中，而每事好争競，或有以刃相讎害也。三牲，牛、羊、豕也。案《尚書·召誥》稱「越翼日戊午，乃社於新邑，牛一，羊一，豕一」，孔云：「用太牢也。」是謂「三牲」爲太牢也。「孝以不毁爲先」者，則首章「不敢毁傷」也。「言上三事皆可亡身」者，謂上「居上而驕」「爲下而亂」「在醜而争」之三事，皆可喪亡其身命也。「而不除之，雖日致太牢之養，固非孝也」者，言奉養雖優，不除驕、亂及争競之事，使親常憂，故非孝也。

陳注：居上則當莊敬以臨下，而不可驕矜；爲下則當恭謹以事上，而不可悖亂；在醜則當和順以處衆，而不可争競。此論人子保身以事親之常。居上而驕，則失道而取亡；爲下而亂，則犯分而致刑；在醜而争，則啟釁而召兵。此論人子危身以及親之禍。

「三者不除，雖日用三牲之養，猶爲不孝」者，謂驕、亂、争三者之不能除，則危亡之禍必至，雖日具牛羊豕三牲之養以進於親，親得安坐而食乎？故曰猶爲不孝也。此節又紀不善之行，以示戒也。

《本義》《大全》：言事親者既有「五要」，猶有「三戒」。和靖尹氏曰：莫大之禍起於須臾之不忍，不可不謹。范氏曄曰：鐘鼓非樂云之本，而器不可去；三牲非致孝之主，而養不可廢。

旨：《本義》：此下二章承上文順逆之意而申言之。言如此則順，而能事親；如彼則逆，而爲不孝，爲罪，爲大亂。此君子所以必教以順也。聯絡上下章意。

按：此章上勉下戒，《大全》「五要」「三戒」四字可用，而上節較重盡「五要」，而又以「三戒」致其防也。善不善皆行，故統言「紀孝行」。此在《孝經》中切實言事親之道，故朱子謂之格言。

講：此紀孝行，使人知所勉，知所戒也。子曰：孝子之事親也，無所不致其極。言乎平居則致其恭敬，而不敢忽；言乎奉養則致其歡樂，而不敢違；言乎親病則致其憂慮，而不敢安；言乎親喪則致其哀痛，而葬之以禮；言乎祭祀則致其嚴肅，而非爲具文。五者皆備，然後爲能事其親。此孝行之善，爲子者所當勉也。不特此也，事親者居上位則不驕矜，爲下則不悖禮，在醜類之中則不可争競。若居上而驕，則自取危亡；爲下而亂，則自致刑戮；在醜而争，則自罹兵刃。驕、亂、争三者不除，則亡、刑、兵之禍立至。雖日用三牲之養，養即厚而貽親以憂，猶爲不孝也。此孝之不善，爲子者所當戒也。孝之節目固多，而大端盡此一勉一戒中矣！

五刑章第十一

《疏》：此章「五刑之屬三千」，案舜命皋陶云：「汝作士，明于五刑。」又《禮記・服問》云：「喪多而服五，罪多而刑五。」以其服有親疏，罪有輕重也。故以名章。以前章有驕亂忿争之事，言此罪惡必及刑辟，故此次之。

陳注：聖王之教，雖不肅而成，其政雖不嚴而治，然世有驕亂忿争而自罹於罪惡者，刑辟亦不可不加也。故以「五刑」名章，次於《紀孝行》之後。

《本義》《大全》：又承上爲下而亂則刑及，猶爲不孝，以足其意。　今文、古文俱同。

今文爲《五刑章》。

子曰：五刑之屬三千，而罪莫大於不孝。要君者無上，非聖人者無法，非孝者無親，此大亂之道也。

《注》：五刑，謂墨、劓、剕、宫、大辟也。條有三千，而罪之大者，莫過不孝。君者，臣所禀命也，而敢要之，是無上也。聖人制作禮法，而敢非之，是無法也。善事父母爲孝，而敢非之，是無親也。言人有上三惡，豈惟不孝，是乃大亂之道。

《疏》：「五刑」者，言刑名有五也。「三千」者，言所犯刑條有三千也。所犯雖異，其罪乃同，故言「之屬」以包之。就此三千條中，其不孝之罪尤大，故云「而罪莫大於不孝」也。凡爲人子，當須遵承聖教，以孝事親，以忠事君。君命宜奉而行，敢要之，是無心遵於上也。聖人垂範，當須法則，今乃非之，是無心法於聖人也。孝者，百行之本，事親爲先，今乃非之，是無心愛其親也。卉木無識，尚感君仁；禽獸無禮，尚知戀親。況在人靈，而敢要君、不孝也？逆亂之道，此爲大焉。故曰：「此大亂之道也。」五刑之名，皆《尚書·吕刑》文。孔安國云：「刻其顙而涅之曰墨刑。」顙，額也。謂刻額爲瘡，以墨塞瘡孔令變色也。墨，一名黥。又云：「截鼻曰劓，刖足曰剕。」《釋言》云：「剕，刖也。」李巡曰「斷足曰刖」是也。又云：「宫，淫刑也。男子割勢，婦人幽閉，次死之刑。」以男子之陰名爲勢，割去其勢與椓去其陰，事亦同也。婦人幽閉，閉於宫，使不得出也。又云：「大辟，死刑也。」案此五刑之名見於經傳，唐虞以來皆有之矣，未知上古起自何時。漢文帝始除肉刑，除墨、劓、剕耳，宫刑猶在。隋開皇之初，始除男子宫刑，婦人猶閉於宫。此五刑之名義。鄭注《周禮·司刑》引《書傳》曰：「決關梁、踰城郭而略盜者，其刑臏。男女不以義交者，其刑宫。觸易君命、革輿服制度、姦軌盜攘傷人者，其刑劓。非事而事之，出入不以道義而誦不祥之辭者，其刑墨。降畔、盜賊、劫略、奪攘、矯虔者，其刑死。」案《説文》云：「臏，膝骨也。」刖臏，謂斷其膝骨。此注不言「臏」而云「剕」者，據《吕刑》之文也。「條有三千，而罪之大者，莫過不孝」者，案《周禮》「司刑掌五刑之法，以麗萬民之罪。墨罪五百，劓罪五百，宫罪五百，剕罪五百，殺罪五百」，合二千五百。至周穆王，乃命吕侯入爲司寇，令其訓暢夏禹贖刑，增輕削重，依夏之法，條有三千。則周三千之條，首自穆王始也。《吕刑》云：「墨罰之屬千，劓罰之屬千，剕罰之屬五百，宫罰之屬三百，大辟之罰其屬二百，五刑之屬三千。」言此三千條中，罪之大者，莫有過於不孝也。案舊注説及謝安、袁宏、王獻之、殷仲文等，皆以不孝之罪，聖人惡之，云在三千條外。此失經之意也。《晉語》云：諸大夫迎悼公，公曰：「孤始願不及此。孤之及此，天也。抑人之有元君，將禀命焉。」明凡爲臣下者，皆禀君教命，而敢要以從己，是有無上之心，故非孝子之行也。若臧武仲以防求爲後於魯，晉舅犯及河授璧請亡之類是也。聖人規模天下，法則兆民，敢有非毀之者，是無聖人之法也。言人不忠於君，不法於聖，不愛於親，此皆爲不孝，乃是罪惡之極，故經以「大亂」結之也。

陳注：要，脅也。無上，無君也。非，詆毁也。無法，謂弁髦法度也。無親，謂蔑視其親也。蓋君者，臣之所禀命也，而敢於要脅之，是爲無上；聖人者，法之所從出也，而敢於非詆之，是爲無法；人莫不有父母之當孝也，而敢以孝道爲非，是爲無親。此三者，乃大亂之道，而總爲不孝，刑辟之加，蓋不容緩矣。

《本義》《大全》：立教以順，逆而刑之，無非教也。按草廬吴氏及諸家解，「非」字與前章「非先王法服」之「非」同，謂人之所行，非聖人之道；子之所行，非孝道。維祺按：「非聖」「非孝」，此解似未盡「非」字之義。此「非」字還宜重看，方與「大亂之道」句合。且要君之罪最重，非止不能事君而已。安得以不能學聖、不能盡孝，遂謂罪同要君、爲大亂之道？此「非」字當作「非毁」爲是。君治之，師教之，父母生之，所謂民生於三也。劉元城與馬永卿論《禮記・内則》「雞鳴而起，適父母之所」，曰：「不亦太蚤乎？」元城正色曰：「父詔無諾，君命詔無諾，父前子名，君前臣名，君父一也。今朝謁，必雞鳴而起，刑驅其後也。若人子畏義如刑，則今人可爲古人矣。」

按：大亂只就越理犯分、罪惡之極説。時講或謂亂及國家，失之寬泛。

旨：朱子曰：因上文「不孝」之云而繫於此，亦格言也。按「五刑三千」，而以不孝爲大，此句提起下文，見不孝與要君、非聖者同爲大亂，所以刑法首加之也。重「非孝無親」句爲正，或以要君、非聖俱屬不孝，又深一層講。此言不孝之刑，以示儆也。子曰：刑者，所以懲有罪也。五刑之屬，其條有三千之多，而罪莫大於不孝，是三千中最重者也。如君者臣所稟命，而敢要脅之，是其心蔑視君上也；聖人，禮法之所宗，而敢非毁之，是其心蔑視法度也；孝者所以親親，而敢以爲非，是其心不知有親也。此三者乃大亂之道，刑所必加也。而不孝尤爲忘本，得不爲刑所首加哉？

廣要道章第十二

《疏》：前章明不孝之惡，罪之大者，及要君、非聖人，此乃禮教不容。廣宣要道以教化之，則能變而爲善也。首章略云「至德要道」之事，而未詳悉，所以於此申而演之，皆云「廣」也。故以名章，次《五刑》之後。「要道」先於「至德」者，謂以要道施化，化行而後德彰，亦明道德相成，所以互爲先後也。

《大全》：今文、古文皆有。古文「要道」下無「也」字。今文爲《廣要道章》。

子曰：教民親愛，莫善於孝；教民禮順，莫善於悌；移風易俗，莫善於樂；安上治民，莫善於禮。

《注》：言教人親愛禮順，無加於孝悌也。風俗移易，先入樂聲。變隨人心，正由君德。正之與變，因樂而彰，故曰「莫善於樂」。禮所以正君臣、父子之别，明男女、長幼之序，故可以安上化下也。

《疏》：夫子述「廣要道」之義。言君欲教民親於君而愛之者，莫善於身自行孝也。君自行孝，則民效之，皆親愛其君。欲教民禮於長而順之者，莫善於身自行悌也。人君行悌，則人效之，皆以禮順從其長也。欲移易風俗之弊敗者，莫善於聽樂而正之。欲身安於上、民治於下者，莫善於行禮以帥之。《世本》曰「伏犧造琴瑟」，則其樂器漸於伏犧也。史籍皆言黄帝樂曰《雲門》、顓頊曰《六英》、帝嚳曰《五莖》、堯曰《咸池》、舜曰《大韶》、禹曰《大夏》、湯曰《大濩》、武曰《大武》，則樂之聲節，起自黄帝也。《樂記》云：「禮殊事而合敬，樂異文而合愛。敬愛之極是謂『要道』，神而明之是謂『至德』。故必由斯人以弘斯敬，而後禮樂興焉、政令行焉。以盛德之訓傳於樂聲，則感人深而風俗移易；以盛德之化措諸禮容，則悦者衆而名教著明。藴乎其樂，章乎其禮，故相待而成矣。然則《韶》樂存於齊而民不爲之易，《周禮》備於魯而君不獲其安，亦政教失其極耳。夫豈禮樂之咎乎？」

《本義》《大全》：教民之道，孝弟、禮樂皆其具也。然弟者，孝中一事。禮節此者也，樂和此者也。言教民相親相愛，無有善於孝者，以孝爲親愛之本也。至教民有禮而順，莫有善於弟者。教民以移其風化、易其習俗，莫善於樂。樂有鼓舞感動之意，故於風俗爲切。若夫安上之等威名分以治下之民，莫善於禮。蓋禮所以辨上下、定民志、别尊卑、分貴賤也。然四者各舉其要言之，實一本也。　程氏復心曰：《周禮·大宗伯》五禮之目，吉禮十有二：一禋祀、二實柴、三槱燎、四血祭、五貍沈、六疈辜、七肆獻、八饋食、九祠、十禴、十一嘗、十二蒸；凶禮五：一喪、二荒、三弔、四禬、五恤；賓禮八：一朝、二宗、三覲、四遇、五會、六同、七問、八視；軍禮五：一師、二均、三田、四役、五封；嘉禮六：一飲食、二婚冠、三賓射、四饗燕、五脤膰、六慶賀。　六樂：一《雲門》，黄帝樂，一云堯樂，象雲氣出入，故周人冬至舞之，以禮天神。二《咸池》，黄帝樂，亦云堯樂，象池水周徧，故周人夏至舞之，以祭地神。三《大磬》，舜樂。磬，紹也。以其紹堯之業，而能齊七政，肇十有二州，故周人舞之，以禮四望、司中、司命、風師、雨師。四《大夏》，禹樂。夏，大也。以其大堯舜之德，而能平水土，故周人舞之，以祭大川。五《大濩》，一名《韶濩》，湯樂。濩，護也。湯寬仁而能救護生民，故周人舞之，以享姜嫄。六《大武》，武王樂。傳云武王以黄鐘布牧野之陣，歸以太蔟、無射。　北溪陳氏曰：禮樂有本有文，禮只是中，樂只是和，中和是禮樂之本，然本與文二者不可一闕。禮之文如俎豆玉帛之類，樂之文如聲音節奏之類，須是有這中和，而文以玉帛俎豆與聲音節奏，方成禮樂。

《講意先鞭》：首章夫子所謂要道，只單提一箇「孝」字。此章兼提「悌」字。悌者，孝中之事也。又并及禮樂。孝悌之心和順,和即是樂,順即是禮也。四段語意不平排,還當以「教民親愛,莫善於孝」二句爲主。蓋能孝則自然能悌,而禮順樂和總根於孝,而分言之耳。親愛禮順與移風易俗等,却與孝悌禮樂意趣各相聯屬,須要説得貫串方妙。

按:親愛宜就民説。民知孝,則孝之所推自然相親相愛,故欲令民相親相愛,莫善於先教之以孝也。《注疏》謂欲民親愛於君,君當先自孝,不可用。至於移風易俗,尤説不去。安上治民,謂上得以安,民得以治也。吕氏謂「安上之等威」,頗異。

禮者,敬而已矣。故敬其父則子悦,敬其兄則弟悦,敬其君則臣悦,敬一人則千萬人悦。所敬者寡而悦者衆,此之謂要道也。

《注》:敬者,禮之本也。居上敬下,盡得歡心,故曰悦也。

《疏》:此承上「莫善於禮」言。「禮者,敬而已矣」,謂禮主於敬也。又明敬功至廣,是要道也。其要正以謂天子敬人之父,則其子皆悦;敬人之兄,則其弟皆悦;敬人之君,則其臣皆悦。此皆敬父兄及君一人,則其子弟及臣千萬人皆悦,故其所敬者寡,而悦者衆。即前章所言「先王有至德要道」者,皆此義之謂也。　舊注云「『一人』,謂父、兄、君。『千萬人』,謂子、弟、臣」,此依孔《傳》也。「一人」,指愛敬之人,則知謂父、兄、君也。「千萬人」,指其喜悦者,則知謂子、弟、臣也。夫子、弟及臣名,何啻千萬?言「千萬人」者,舉其大數也。

《本義》《大全》:承上文「禮」字而言。《禮》「毋不敬」,敬者,禮之本也。極言敬之功用,謂上之人,特自敬其父、兄與君耳;而下之人,皆悦以事其父,悦以事其兄,悦以事其君,是敬止一人,而悦乃千萬人。敬寡悦衆,所操者約,而天下之道已盡該括,故曰「此之謂要道」。蓋敬父、敬兄、敬君之道,原人心之同然,所以上好下甚,舉一而萬畢者,其本一也。　按邢昺、朱申、周翰、董鼎皆謂敬其父、兄、君爲敬人之父、兄、君,非也。觀其字之意,乃自己之父、兄與君,且與下文「敬一人」「敬者寡」相應。若曰敬人之父、兄與君,則敬千萬人矣,安得謂之「所敬者寡」?安得謂之「要道」?熟體味之,自見。　草廬吴氏曰:居上者自敬其父、兄、君,則下之爲人子、爲人弟、爲人臣者效之,各皆歡悦,以事其父、兄、君。　維祺按:草廬看「其」字有分曉。

《講意先鞭》：四段說完，而又獨歸重於禮；言禮，又獨歸於敬者，此暗根上章「嚴父配天」及「居則致其敬」來。蓋父母與子一體而分，愛易能而敬難盡。敬者，愛之至也。故經雖愛敬兼言，此獨言敬，而以禮爲重。蓋其所以有序而和者，未有不本於敬而能之者也，故又推廣敬之功用言之。敬其父、敬其兄、敬其君，還指人之君、父、兄說；敬一人，則專指敬吾親說。凡爲人子、爲人弟、爲人兄者，本皆有敬父、敬兄、敬君之心。而吾先有以敬，則深得其歡心。敬的少，悦的多，這是從嚴父配天之敬，露出千萬人的根源，使人人見得，無非父子，無非兄弟，無非君臣。因此敬著一箇父親，就得了萬國的歡心，豈非極簡要的道理？

按：其父、其兄、其君，屬他人之父、兄、君，則「敬一人」仍當承上文，謂人之父、兄、君也。若謂敬一人爲自敬其父，口氣隔礙。天子如何又敬其君？君字，當指諸侯敬其君而臣悦，猶《中庸》「懷諸侯，天下畏之」之意。或云照《大學》「孝者，所以事君」，只泛論理如此，亦一說。敬其君則臣悦，臣尚悦得千萬；若敬其父則子悦，恐子悦不得千萬。當是敬人之父，而凡爲子者皆悦，不必拘一父之子也。若謂凡人之父、兄皆敬，則又不爲敬一人矣。呂氏《大全》用吴草廬之説，其父、其兄、其君，作自敬父、兄、君說，較順，可從。子悦、弟悦、臣悦，謂悦以事其父、兄、君，似深過一層。且自説他悦慕，以留下章地步爲是。敬父是正意，兄與君是陪説。敬一人，似當專指父，以合孝爲要大旨。樂者，和而已矣。以禮推之，敬一人，則千萬人悦；和於事親，而千萬人悦，亦可知也。旨：《本義》：此三章意義相承，皆申明君子以順立教之本，以廣前章至德、要道、揚名之意。

按：此章《廣要道》，原是以孝爲要道，而又推廣之。開首一句「教民親愛，莫善於孝」，可見教民孝，則各相親愛。親愛，正與首章「和睦無怨」照應，豈非孝爲要道乎？下文因孝以及弟，又及樂，及禮，又從禮説到敬，則所謂廣之也。首句自重，下三句重在禮。禮主於敬，而敬父仍歸於孝。可見禮不外孝，而弟之與孝相通，樂之與禮相類，皆貫得去矣。講：此推「廣要道」之義也。子曰：孝道不僅自孝其親已也，教民相親相愛，莫善於先教以孝。能孝，則孝之所推，自然於人皆相親相愛矣。不特此也，教民有禮而遜順，莫善於先教以悌。能悌，則悌之所推，自然於人有禮而遜順矣。樂能感人，欲移民風，易民俗，莫善於教之以樂。習樂，則風移俗易矣。禮有節制，欲安乎上，治乎民者，莫善於教之以禮。習禮，則上安下治矣。所謂禮者，非徒儀文之謂也，主於敬而已矣。故能自敬其父，則天下之凡爲子者皆悦慕之；能自敬其兄，則天下之凡爲弟者皆悦慕之；能自敬其君，則天下之凡爲臣者皆悦慕之。以此觀之，能敬其父之一人，而天下之爲子者千萬人皆悦可知矣。所敬者甚寡，而所悦者甚衆，此之謂要道也。夫教民以孝，先王所謂要道，而推之於弟及禮、樂，又推之敬寡悦衆，要道之義，不以是而廣乎？

廣至德章第十三

《疏》：首章標「至德」之目，此章明「廣至德」之義，故以名章，次《廣要道》之後。

《大全》：今文、古文皆有。古文「父者」「兄者」「君者」之下無三「也」字。今文爲《廣至德章》。

子曰：君子之教以孝也，非家至而日見之也。教以孝，所以敬天下之爲人父者也；教以悌，所以敬天下之爲人兄者也；教以臣，所以敬天下之爲人君者也。

《注》：言教不必家到户至，日見而語之。但行孝於内，其化自流於外。舉孝悌以爲教，則天下之爲人子弟者，無不敬其父兄也；舉臣道以爲教，則天下之爲人臣者，無不敬其君也。

《疏》：此夫子述「廣至德」之義。言聖人君子教人行孝事其親者，非家家悉至而日見之。但教之以孝，則天下之爲人父者，皆得其子之敬也；教之以悌，則天下之爲人兄者，皆得其弟之敬也；教之以臣，則天下之爲人君者，皆得其臣之敬也。《禮記・祭義》

曰：「祀乎明堂，所以教諸侯之孝也。食三老五更於大學，所以教諸侯之悌也。」此即謂「發諸朝廷，至乎州巷」是也。「天下之爲人子弟者，無不敬其父兄」者，言皆敬也。《祭義》云「朝覲，所以教諸侯之臣」者，諸侯，列國之君也。君朝覲於王，則身行臣禮。言聖人制此朝覲之法，本以教諸侯之爲臣也，則諸侯之卿大夫亦各放象其君，而行事君之禮也。劉炫以爲將教爲臣之道，故須天子身行者，案《禮運》曰「故先王患禮之不達於下也，故祭帝於郊」，謂郊祭之禮，册祝稱臣，是亦以見天子以身率下之義也。

陳注：此夫子述「廣至德」之義。言君子之教人以孝也，非必家至而爲之喻，日見而爲之督也。教之以孝，使凡爲人子者，皆知盡事父之道以敬其父，是即我之所以敬天下之爲人父者也。推而教之以悌，使凡爲人弟者，皆知盡事兄之道以敬其兄，是即我之所以敬天下之爲人兄者也。又推而教之以臣，使凡爲人臣者，皆知盡事君之道以敬其君，是即我之所以敬天下之爲人君者也。夫致吾之敬者有限，而能使人各自致其敬者則無窮，此孝之所以爲至德也。

《本義》《大全》：言君子教民以孝，豈必家諭户曉，日日相見而面命之？固有本之者耳。何者？君子躬行孝道，而教天下以孝，豈能遍天下之爲人父而敬之哉？然上行下效，自然感化，而各敬其父，是即所以敬天下之爲人父者也。至於教以悌，教以臣，亦莫不然。一順立，而天下大順，何待家至日見，然後爲教也？教以孝，非教彼以孝也，蓋教之以吾之孝，所謂以身先之也。此論爲切，且與「非家至而日見之也」相合，而下文「所以敬天下之爲人父」方有著落。「悌」「臣」二段倣此。草廬吴氏曰：上之人躬行孝、悌、臣以教，則天下之人無不效之，而各敬其父、兄與君。是上之人自敬其父、兄、君者，乃所以敬天下之爲人父、爲人兄、爲人君者也。

按：《注》《疏》行孝於内，化流於外，及舉孝弟以爲教，舉臣道以爲教，非謂布教化使人孝也。「教以臣」頗難説，《注》《疏》朝祭之説可玩。「臣」字，以臣道言，與孝、弟一類。當以孝爲主，而弟與臣類及之。較上章深一層：上章自敬其父，而人悦之；此章自敬其父，而人敬之。上章千萬人悦；此章千萬人敬。《天子章》「不敢惡慢」依此看自明。

《詩》云：「愷悌君子，民之父母。」非至德，其孰能順民如此其大者乎？

《注》：愷，樂也。悌，易也。義取君以樂易之道化人，則爲天下蒼生之父母也。

《疏》：夫子既述至德之教已畢，乃引《大雅·洞酌》之詩以贊美之。言樂易之君子，能順民心而行教化，乃爲民之父母。若非至德之君，其誰能順民心如此其廣大者乎？孰，誰也。按《禮記·表記》稱：「子言之：君子所謂仁者，其難乎！《詩》云『愷悌君子，民之父母』，愷以强教之，悌以説安之。使民有父之尊，有母之親，如此而後可以爲民父母矣，非至德其孰能如此乎？」此章於「孰能」下加「順民」，「如此」下加「其大者」，與《表記》爲異，其大意不殊。而皇侃以爲并結《要道》《至德》兩章，或失經旨也。劉炫以爲《詩》美民之父母，證君之行教，未證至德之大，故於《詩》下别起歎辭，所以異於别章，頗近之矣。

陳注：君子有如此愷悌樂易之德，民愛之如父母。蓋能以至德爲教，順天下之心，故其效如此其大也。

《本義》：引《詩》以明順民之大如此，而復詠歎之曰：「非至德，孰能順民如此其大者乎？」雖明王不作、孝治無聞，而至德大順之象，恍然如見矣。

按：「教以孝」是至德，而天下之人各敬其父，正見順民處。

旨：《大全》：董鼎述朱子《刊誤》，謂傳釋「至德」，又引朱子曰：然所謂「至德」，語意亦疏,如上章之失云。祺按:朱子謂所論「至德」,語意亦疏。蓋此章舊文爲《廣至德章》,非釋之也。故但可言廣,不可言釋,則謂之傳非也。

《講意先鞭》:此章合上章作一章看,上釋「要道」,此釋「至德」,「至德」即於「要道」見之。「所敬者寡而悦者衆」,不惟爲道之要,而人君之德亦於是爲至,故承上「教民親愛莫善於孝」而言,君子之所以教民如此。

按:上章有「要道」字,故爲《廣要道》;此章有「至德」字,則爲《廣至德》。吕氏謂「是廣非釋」,亦有理。但朱子之意,是欲發揮「至德要道」之藴,而本文未之及也,故以爲疏。吕氏尊經駁朱子,恐未免有陽明表章古文《大學》之見耳。此章以「教以孝,所以敬天下之爲人父」句爲主。

講:此推「廣至德」之義也。曰孝爲「至德」,固可以教民也。然君子之教民以孝也,非必家家至之而爲之喻,日日見之而爲之督也,亦惟是自盡其孝以率之而已。能自敬其父,是即教民以孝,則天下之人各敬其父,是即君子所以敬天下之爲人父者也。而弟與臣可推矣。能自敬其兄,而教人以悌,是即所以敬天下之爲人兄者也;自敬其君,而教人以臣,是即所以敬天下之爲人君者也。如此,而天下之民有不愛戴者乎?《詩·大雅·洞酌》之篇有云：愷悌君子在上，民愛之如父母矣。夫愷悌即至德也。能順民而教，故民愛之也。非君子躬行教孝、教悌、教臣之至德，其孰能順民心爲教，敬及天下之爲父兄與君，其效如此其大者乎？

孝經詳説卷四終

孝經詳説卷五

牟陽冉覲祖輯撰

廣揚名章第十四

《疏》：首章略言揚名之義而未審，於此廣之，故以名章，次《至德》之後。

《大全》：今文、古文皆同。古文此章在「明王事父」章下，而此章下有「子曰閨門之內」二十四字。今文爲《廣揚名章》。

子曰：君子之事親孝，故忠可移於君；事兄悌，故順可移於長；居家理，故治可移於官。是以行成於內，而名立於後世矣。

《注》：以孝事君則忠，以敬事長則順，君子所居則化，故可移於官也。修上三德於內，名自傳於後代。

《疏》：此夫子述「廣揚名」之義。言君子之事親能孝者，故資孝爲忠，可移孝行以事君也；事兄能悌者，故資悌爲順，可移悌行以事長也；居家能理者，故資治爲政，可移治績以施於官也。是以君子若能以此善行成之於内，則令名立於身没之後也。先儒以爲「居家理」下闕一「故」字，御注加之。「三德」，則上章云移孝以事於君、移悌以事於長、移理以施於官也。言此三德不失，則其令名常自傳於後世。經云「立」而注爲「傳」者，「立」謂常有之名，「傳」謂不絶之稱。但能不絶，即是常有之行，故以「傳」釋「立」也。

陳注：言君子之事親，苟極其孝矣，以之事君則爲忠，故忠可移於君；事兄，苟極其悌矣，以之事長則爲順，故順可移於長；居家，苟極其理矣，以之居官則必治，故治可移於官。孝悌、忠順、齊治之道其相通有如此，故士人惟患内之所以事親、事兄、居家者行未成耳。夫苟孝悌修齊之行成於内，必其忠順治理勳猷著於外，彪炳宇宙，輝映竹帛，而後世之名曷有極哉？顯親之孝，此焉寓矣。

《本義》《大全》：君子立教以孝者也。以孝作忠，忠者，孝之推也。孝則必弟。以弟作順，順者，弟之推也。孝弟，則家事必理。居家孝弟，而家事理，即可移於官，而官事治。治官者，理家之推也。誠如是也，孝弟居家之德行成於内，達於外，不惟光顯一時，而名必立於後世。所謂「揚名於後世，以顯父母」，信矣。　朱鴻曰：古謂「求忠臣必於孝子之門」，人臣有一毫之不忠，非孝也。世云「忠孝不能兩全」，此語時、位之不可全，非道理之不可全也，故曰「事親孝，則忠可移於君」。　伊川程子曰：人倫有五，而兄弟相處之日最長。君臣遇合，朋友聚會，久速固難必也。父之生子，妻之配夫，其蚤者皆以二十歲爲率。惟兄弟或一二年，或三四年，相繼而生，自竹馬遊戲，以至鮐背鶴髮，相與周旋，多至七八十年之久。若恩意浹洽，猜閒不生，其樂豈有涯哉！　《存古篇》曰：「兄弟相友，毋以小忿小利傷同氣之愛。」又曰：「家庭骨肉，以和爲本，和致祥，乖致異，毋聽婦人言。」　謹按：孔子云：「君子疾沒世而名不稱焉。」聖人豈教人以好名，蓋以名者實之賓也。名不稱於後世，必其實之未至也。是以君子篤孝弟宜家之行於内，惟恐其實之不至，而孜孜勉焉也。

《講意先鞭》：「移」者，謂彼即此所爲，非去此而就彼也。不曰「可忠於君」，而曰「忠可移於君」，孝裏面已有忠了；不曰「可順於長」，而曰「順可移於長」，悌裏面已有順了；不曰「可治於官」，而曰「治可移於官」，理裏面已有治了。是以孝悌之行成於内，而忠順之道達於外。不但譽隆於一時，而名立於後世。所謂「揚名後世，以顯父母」者，蓋如此。

按：「事親孝」三句平列，然首句自重，弟者孝之推，居家理亦以孝弟爲本，《書》所云孝弟居家,所謂内「孝友施于有政」也。「長」與前「以敬事長」之「長」同,官之長也。

也。言内宜補外,言後世宜補當時。

旨:按首章「中於事君」,在行道揚名内看出,故此章《廣揚名》亦以事君言之。

講:此推「廣揚名」之義也。子曰:夫所謂揚名後世者,固有待於事君矣,而何非孝之所爲乎?君子之事親孝,故可移之事君,而能忠。蓋忠孝一理也。推之事長、居官,皆事君者所有事也。君子事兄能悌,故移之事長而能順;君子孝弟居家,家政能理,故移之居官,而官事皆治。是以孝親、弟兄、理家德成於内,忠君、順長、治官功著於外,不特名傳當時,而且立於後世而不墜矣。此其所以能揚名也乎。

附考見《大全》。

子曰:閨門之内,具禮已乎!嚴父嚴兄。妻子臣妾猶百姓徒役也。

按:《閨門章》漢劉向較定今古文無,隋劉炫古文有。或以爲無此不得爲全經,或以爲後儒僞作。而草廬吴氏曰：今詳此章，不惟不類聖言，亦不類漢儒語。宋氏濂謂：其所異惟《閨門》一章。諸儒於經文大指未見發揮，而斷斷紛紜抑末矣。今姑闕疑，以俟君子。　草廬吴氏曰：《閨門章》今文無，古文在傳十章之後，十一章之前。朱子曰：因上章「三可移」，而言嚴父，孝也；嚴兄，弟也；臣妾，官也。邢氏《正義》説已見前。今詳此章，不惟不類聖言，亦不類漢儒語，是後儒僞作明甚。而朱子不致疑者，蓋因温公信之，而未暇深考耳。況十一章之首，作傳者承十章之末而發問。若有此章，則文義間隔。特據《正義》之説黜之。　按《玉海》：「《會要》曰：唐開元七年三月一日敕：『《孝經》《尚書》有古文本，孔、鄭注旨趣頗多踳駁，令諸儒質定。』六日，詔曰：『《孝經》，德教所先，頃來獨宗鄭氏，孔氏遺旨，今則無文。其令儒官詳定所長，令明經者習讀。』四月七日，左庶子劉子玄上《孝經議》曰：『今俗所行《孝經》，題曰「鄭氏注」，云即康成，而魏、晉無此説。至晉穆帝永和十一年、孝武太元元年，再聚群臣，共論經義。有荀昶撰集《孝經》諸説，始以鄭氏爲宗。宋、梁以來，多異論。陸澄以爲非玄所注，請不藏祕省。王儉不依其請，遂傳於時。魏、齊立於學官，著在律令。然《孝經》非玄所注，其驗十有二。古文孔《傳》曠代亡逸，隋開皇十四年祕書學生王孝逸得一本，送王邵，以示劉炫。炫率意刊改，因著《孝經稽疑》一篇。邵以爲經文盡在,正義甚美,而歷代未嘗置於學官。愚謂行孔廢鄭,於義爲安。』國子祭酒司馬貞議曰:『今《孝經》是漢河間獻王所得顔芝本,劉向定爲十八章。其注相承云鄭玄作,而《鄭志》及《目録》等不載,往賢共疑焉。惟荀昶、范曄以爲鄭注,昶集解《孝經》,具載此注,序云「以鄭爲主」,是以此注爲優。其古文二十二章,元出孔壁,安國作傳,世未之行。荀昶集注之時,尚有孔《傳》,中朝遂亡其本。近儒妄作此傳,假稱孔氏,又爲作《閨門》一章。劉炫詭隨,妄稱其善。且《閨門》之義,近俗之語,非宣尼正説。又分《庶人章》「故自天子」已下别爲一章,仍加「子曰」二字。非但經文不真,亦傳習淺僞。議者取近儒詭説,殘經缺傳而廢鄭注,理實未可,請鄭、孔具行。』五月五日詔鄭仍舊行用,孔注傳習者稀,亦存繼絶之典,頗加奬飾。」　今按:劉子玄議行孔廢鄭,司馬貞議鄭、孔並行,而玄宗詔鄭仍舊行,孔注亦存繼絶之典。又按:子玄尊古文《孝經》者也,其議亦云劉炫率意刊改,則古文《孝經》多出於劉炫之手,而貞議鄭、孔並行,亦非專主今文也。《閨門章》今文原無,而後乃云司馬貞爲國諱削《閨門章》。夫貞固未嘗削之也,且玄宗亦詔孔、鄭並存,豈玄宗不自諱,而貞反諱之乎?是未嘗深考當世之實,而妄議之也。程子曰:讀書者,當平其心,易其氣,闕其疑。

諫争章第十五

《疏》：此章言爲臣子之道，若遇君父有失，皆諫争也。曾子因聞揚名已上之義，而問子從父之令。夫子以令有善惡，不可盡從，乃爲述諫争之事，故以名章，次《揚名》之後。

《大全》：今文、古文皆有。古文「則聞命」爲「參聞命」；「敢問」下無「子」字；「是何言與」下有「言之不通也」五字；「不失天下」有「其」字；「不争於父」「不争於君」，二「不」字，古文皆爲「弗」字；「又焉得爲孝」，古文無「又」字。今文爲《諫争章》。

曾子曰：若夫慈愛、恭敬、安親、揚名則聞命矣。敢問子從父之令，可謂孝乎？

《注》：事父有隱無犯，又敬不違，故疑而問之。

《疏》：尋上所陳，唯言敬愛，未及慈恭，而曾子並言慈恭已聞命矣者，皇侃以爲「上陳愛敬，則包於慈恭矣。慈者孜孜，愛者念惜；恭者貌多心少，敬者心多貌少」。如侃之説，則慈恭、愛敬之别，何故云「包慈恭」也？或曰：慈者接下之别名，愛者奉上之通稱。劉炫引《禮記·内則》説『子事父母』『慈以甘旨』，《喪服四制》云高宗『慈良於喪』，《莊子》曰『事親則孝慈』，此並施於事上。夫愛出於内，慈爲愛體；敬生於心，恭爲敬貌。此經悉陳事親之迹，寧有接下之文？夫子據心而爲言，所以唯稱愛敬；曾參體貌而兼取，所以並舉慈恭」。如劉炫此言，則知慈是愛親也，恭是敬親也。「安親」，則上章云「故生則親安之」；「揚名」，即上章云「揚名於後世」矣。經稱「夫」有六焉，蓋發言之端也。一曰「夫孝，始於事親」，二曰「夫孝，德之本」，三曰「夫孝，天之經」，四曰「夫然，故生則親安之」，五曰「夫聖人之德」，此章云「若夫慈愛」，並却明前理而下有其趣，故言「夫」以起之。劉瓛曰：「夫猶凡也。」《禮記·檀弓》云「事親有隱而無犯」，以經云「從父之令」，故注變「親」爲「父」。案《論語》云：「事父母幾諫，見志不從，又敬不違。」引此二文以成疑疏證，曾子有可問之端也。

陳注：慈愛、恭敬、安親、揚名，是曾子包攝夫子之所已言者言之，又以「子從父之令，可謂孝乎」爲問者。蓋爲子者，原一以順從爲孝，但於父母之命令，若不問可否而悉從之，又恐有違於道。此其所以疑於心而問也。　慈愛如養致其樂，恭敬如居致其敬，安親如不近兵刑，揚名如立身行道、揚名於後世之類。

按：慈愛、恭敬，難以細貼，只大概説爲是。　慈是貼「愛」字，恭是貼「敬」字，無他意。　從是依從。

子曰：是何言與？是何言與？昔者，天子有争臣七人，雖無道，不失其天下；諸侯有争臣五人，雖無道，不失其國；大夫有争臣三人，雖無道，不失其家；士有争友，則身不離於令名；父有争子，則身不陷於不義。故當不義，則子不可以不争於父，臣不可以不争於君。故當不義則争之，從父之令，又焉得爲孝乎？

《注》：有非而從，成父不義，理所不可，故再言之。降殺以兩，尊卑之差。「争」謂諫也。言雖無道，爲有争臣，則終不至失天下、亡家國也。令，善也。益者三友，言受忠告，故不失其善名。父失則諫，故免陷於不義。不争則非忠孝。

《疏》：夫子以曾參所問於理乖僻，非諫争之義，因乃誚而答之，曰：汝之此問，是何言與？再言之者，明其深不可也。既誚之後，乃謂曾子説必須諫争之事，言臣之諫君、子之諫父，自古攸然。故言昔者天子治天下，有諫争之臣七人，雖復無道，昧於政教，不至失於天下。言「無道」者，謂無道德。諸侯有諫争之臣五人，雖無道，亦不失其國也；大夫有諫争之臣三人，雖無道，亦不失其家；士有諫争之友，則身不離遠於善名也；父有諫争之子，則身不陷於不義。故君、父有不義之事，凡爲臣、子者，不可以不諫争。以此之故，當不義則須諫之。又結此以答曾子曰：今若每事從父之令，又焉得爲孝乎？言不得也。按曾子唯問從父之令，不指當時而言「昔者」，皇侃云：「夫子述《孝經》之時，當周亂衰之代，無此諫争之臣，故言『昔者』也。」不言「先王」而言「天子」者，諸稱「先王」皆指聖德之主，此言「無道」，所以不稱「先王」也。　言父有非，子從而行，不諫，是成父之不義也。《左傳》云：「自上以下，降殺以兩，禮也。」謂天子尊，故七人；諸侯卑於天子，降兩，故有五人；大夫卑於諸侯，降兩，故有三人。《論語》云：「信而後諫。」《左傳》云：「伏死而争。」此蓋謂極諫爲争也。若隨無道，人各有心，鬼神乏主，季梁猶在，楚不敢伐，是有争臣不亡其國。舉中而率，則大夫、天子從可知也。按孔、鄭二注及先儒所傳，並引《禮記·文王世子》以解七人之義。按《文王世子記》曰：「虞、夏、商、周有師保，有疑丞。設四輔及三公，不必備，惟其人。」又《尚書大傳》曰：「古者天子必有四鄰，前曰疑，後曰丞，左曰輔，右曰弼。天子有問無對，責之疑；可志而不志，責之丞；可正而不正，責之輔；可揚而不揚，責之弼。其爵視卿，其禄視次國之君。」《大傳》「四鄰」則《記》之「四輔」，兼三公，以充七人之數。諸侯五者，孔《傳》指天子所命之孤及三卿與上大夫，王肅指三卿、内史、外史，以充五人之數。大夫三者，孔《傳》指家相、室老、側室，以充三人之數；王肅無側室，而謂邑宰。斯並以意解説，恐非經義。劉炫云：「按下文云『子不可以不争於父，臣不可以不争於君』，則爲子、爲臣皆當諫争，豈獨大臣當争，小臣不争乎？豈獨長子當争其父，衆子不争乎？若父有十子皆得諫争，王有百辟惟許七人，是天子之諫乃少於匹夫也。」大夫以上，皆云「不失」，士獨云「不離」。不離，即不失也。《内則》云：「父母有過，下氣怡色，柔聲以諫。諫若不入，起敬起孝，説則復諫。」《曲禮》曰：「子之事親也，三諫而不聽，則號泣而隨之。」言父有非，故須諫之以正道，庶免陷於不義也。

陳注：兩言「是何言與」，深明父令之不可一於從也。「昔者」以下，是推廣而言。爲臣子者若見君父之過，皆不可以苟順而不諫争。天子之争臣以七人，諸侯之争臣以五人，大夫之争臣以三人者，蓋位有崇卑，責有輕重，政有煩簡，故争臣有多寡也。然天子有天下者也，故云「不失其天下」；諸侯有國者也，故云「不失其國」；大夫有家者也，故云「不失其家」。總之以諫争之得人，故雖無道，不亟至於亡也。士無臣，所有惟友，故云「士有争友」。「不離令名」，謂事無謬誤，而善名已彰。「不陷不義」，謂所事合宜，而行義以得也。先言「故當不義，則子不可以不争於父，臣不可以不争於君」，是總言爲子者當諫争其君父。又曰「故當不義則争之，從父之令，又焉得爲孝乎」，所以結一章之旨，而終「是何言與」之義，見爲子者不可一於從父之令也。

《本義》《大全》：昔古之天子，必置諫争之臣以救其過，故有争臣七人。雖至無道，亦必救正，不致失其天下。其實諫不厭多，先王立誹謗之木，設敢諫之鼓，廣集忠益，惟恐人之不争，豈僅拘七人之數哉？姑約略言之耳。諸侯次於天子，國小於天下，其事稍簡，故五人而可。大夫有家者，又小於國，其事又簡，故三人而可。要之，謂諸臣中有七人、五人、三人能直言敢諫者，非謂置諫臣止此數也。士雖無臣，苟有忠告善道之争友，自不失令名。父苟有苦口幾諫之争子，必不陷不義。夫君臣、朋友、父子，皆受争之益如此。故承上言，父子天性，何忍陷於不義？至情不能自已。故起敬起孝，積誠感動；見志不從，又敬不違，三諫不聽，則號泣而隨，必使從而已。故總結之曰「當不義，則子不可不争於父，臣不可不争於君」。先父子，而後君臣，其旨深矣。　董鼎曰：天子有天下四海之大，萬幾之繁，善則億兆蒙其福，不善則宗社受其禍，故必有諫争之臣，以救其過。古者立誹謗之木，設敢諫之鼓，大開言路，廣集忠益争臣，豈止七人？孔子姑約而言之耳。其實諫不厭多，非必以數拘也。曹氏端曰：君有争臣，君之福也；父有争子，父之福也；兄有争弟，兄之福也；士有争友，士之福也。成湯知乎此，從諫弗咈；唐太宗知乎此，納諫如流；子路知乎此，聞過則喜。此所以皆成聖賢之德，而名流萬古也。晁氏曰：經云「當不義，則子不可以不諫於父」。孟子猥曰：「父子之間不責善。」夫豈然哉！今王安石作《孝經解》，謂當不義則争之，非責善也。噫！不爲不義，即善矣。阿其所好，以侮聖人之言至此，君子疾夫。按：安石黜《孝經》，近儒以爲其罪浮於李斯。晁氏意或云然，非獨駁其「非責善」之説耳。馮夢龍曰：争者，争也。如争者之必求其勝，非但以一言塞責而已。君父一體，子不可不争於父，猶臣不可不争於君。故當父不義，爲子者直争之，必不可從父之令。或曰：君有過，則諫，三諫而不聽，則去；父有過，則諫，三諫而不聽，則號泣而隨。事父母幾諫，起敬起孝，悦則復諫，積誠以感動之，必其從而後已。此則人子愛親之至，終欲其歸於至善。又有非臣與友之所得爲者。自士以下，雖謂庶人，然天子、諸侯、大夫、士之子均爲子也，均愛父也。父若有過，子必幾諫，無諉之争臣、争友可也。

按：曾子之問所以請益，無大非也。夫子兩「何言」，只是不然之辭。舊説以爲誚，以爲斥，皆過矣。天子、諸侯、大夫、士直趕出「父有争子」句爲主。「不義則争之」句轉下，「争」與「從」正相反。

旨：《大全》朱子曰：此不解經，而別發一義。吳氏曰：凡百四十三字，廣經中五孝之義。言天子、諸侯、卿大夫、士、庶人，皆當有過則諫，非徒順從而已。

《講意先鞭》：通章在「故當不義，則子不可以不争於父」二句上。天子、諸侯、大夫、士等，皆是借客陪主，以見父有争子，則身方不陷於不義。「故當不義」以下，是直直斷説子之「不可不争於父」，此句重看。「臣不可不争」句，亦是伴説，切勿兩平。

按：此章別發一意，然最不可少。不然，則有誤用其孝者矣。本文只説争，諫是襯貼字。凡争之道多端，爲直爲婉，用詳用略，要在隨宜。子之争父，則莫過於《論語》「幾諫」一章。

講：此因曾子之問，以明争父之義也。曾子曰：參聞夫子論孝之言甚備，若夫人子，當盡其慈愛、恭敬，以安乎親，以揚乎名，則既聞教矣，大抵以順從爲孝耳。敢問子一切從父之令而不違，遂可謂能盡孝之道乎？子曰：從令爲孝，是何言與？是何言與？蓋父之令，亦有不盡可從之時，而須諫争者也。昔者天子，有天下者也，有争臣七人，雖無道，而賴七人匡救之力，不至失其天下。諸侯，有國者也，有争臣五人，雖無道，而賴五人匡救之力，不至失其國。大夫，有家者也，有争臣三人，雖無道，而賴三人匡救之力，不至失其家。士，有身者也，有争友不限其數，雖有過，而賴友之匡救其身，不失於令名。天子、諸侯、大夫、士，皆賴於争如此。父有争子，雖爲不義，而賴子之争可挽，則其身不終陷於不義也。故當其有不義之時，則子不可以不争於父，不使父陷於不義也。臣不可以不争於君，不使君陷於不義也。以此觀之，故父當其有不義之時，則子必争之，以盡幾諫之道。若但從父之令，陷親不義，又焉得爲孝子乎？從者，其常也；争者，其變也。合常變，而事親之道盡矣。

感應章第十六

《疏》：此章言「天地明察，神明彰矣」，又云「孝悌之道，通於神明」，皆是感應之事也。前章論諫争之事。言人主若從諫争之善，必能修身慎行，致感應之福，故以名章，次於《諫争》之後。

《大全》：今文、古文俱同。古文此章在「君子之教以孝也」章之下，在「君子之事親孝，故忠可移於君」章之上。今文爲《感應章》。

子曰：昔者明王事父孝，故事天明；事母孝，故事地察；長幼順，故上下治；天地明察，神明彰矣。

《注》：王者父事天，母事地，言能敬事宗廟，則事天地能明察也。君能尊諸父，先諸兄，則長幼之道順，君人之化理。事天地能明察，則神感至誠，而降福佑，故曰彰也。

《疏》：此章夫子述明王以孝事父母，能致感應之事。言昔者明聖之王，事父能孝，故事天能明，言能明天之道，故《易·説卦》云：「乾爲天、爲父。」此言「事父孝，故能事天明」，是事父之孝通於天也。事母能孝，故事地能察，言能察地之理，故《説卦》云：「坤爲地、爲母。」此言「事母孝，故事地察」，則是事母之道通於地也。明王又於宗族長幼之中皆順於禮，則凡在上下之人皆自化也。又明王之視天地既能明察，必致福應，則神明之功彰見。謂陰陽和，風雨時，人無疾厲，天下安寧也。經稱「明王」者二焉：一曰「昔者明王之以孝治天下也」，二即此章言「昔者明王事父孝」，俱是聖明之義，與先王爲一也。言「先王」，示及遠也；言「明王」，示聰明也。《白虎通》云：「王者父天母地。」此言「事」者，謂移事父母之孝以事天地也。烝嘗以時，疏數合禮，是「敬事宗廟」也。既能敬宗廟，則不違犯天地之時。若《祭義》曾子曰：「樹木以時伐焉，禽獸以時殺焉。夫子曰：『斷一樹殺一獸不以其時，非孝也。』」又《王制》曰：「獺祭魚，然後虞人入澤梁；豺祭獸，然後田獵；鳩化爲鷹，然後設罻羅；草木零落，然後入山林；昆蟲未蟄，不以火田。」此則令無大小，皆順天地，是「事天地能明察」也。言明王能順長幼之道，則臣下化之而自理也，謂放效於君。《書》曰「違上所命，從厥攸好」，是效之也。言事天地若能明察，則神祇感其至和，而降福應以佑助之，是神明之功章見也。《書》云：「至誠感神。」又《瑞應圖》曰：「聖人能順天地，則天降膏露，地出醴泉。」《詩》云：「降福穰穰。」《易》曰：「自天佑之，吉，無不利。」注約諸文以釋之也。

陳注：古昔明王能事父以孝，則即通於事親之道，故其事天也明；事母以孝，則即通於事母之理，故其事地也察。又推事父、事母之孝心，以順家之長幼，故凡四海之中，上而尊長，下而卑幼，又罔不就吾之均調，而上下以治。夫惟明王極孝之所至，至於事天明、事地察。如此，則三光明，寒暑序，而天道以清；川流岳峙奠其常，鳥獸魚鼈若其性，而地道以寧。其神明功用之彰見，蓋有極其盛者哉！

《本義》《大全》：此又極言孝之感通，以贊孝之大也。《易》曰：「乾，天也，故稱乎父。坤，地也，故稱乎母。」明王父天母地者也。父母、天地本同一理，故事父之孝可通於天，事母之孝可通於地。明謂明其經常之大，察謂析其曲折之詳。推孝爲弟，而宗族長幼皆順於禮，則凡在上下之人，皆自化而治矣。夫言孝至於天地明察，天時順而休徵協應，地道寧而萬物咸若，神明之道，於是乎彰矣。不言上下治者，舉重也。明王孝德感通之神，孰大於此。「事父母」，亦不專言宗廟。「事天地」，凡所以參贊調燮以體元者皆是，不但事之以郊社而已也。「長幼順」，蓋就事父母推之；「上下治」，蓋就事天地推之。董鼎曰：此「明察」二字，亦是就前章「天經」「地義」二句引來。孔子曰：「明於天之道，而察

於民之故。」孟子曰：「舜明於庶物，察於人倫。」大抵經是總言其大者，義是中間事物纖。〔二〕

祭畢，同姓則留之，謂與族人燕，故其《詩》曰：「諸父兄弟，備言燕私。」鄭箋云：「祭畢，歸賓客之俎，同姓則留與之燕。」是天子燕族人也。又《禮記·文王世子》云「若公與族燕，則異姓爲賓，膳宰爲主人，公與父兄齒」，則知燕族人亦以尊卑爲列，齒於父兄之下也。《文王世子》稱「五廟之孫，祖廟未毁，雖爲庶人，冠、取妻必告，死必赴」，是不忘親也。《禮記·大傳》稱：「其不可得變革者則有矣，親親也，尊尊也，長長也。」「親親故尊祖，尊祖故敬宗，敬宗故收族，收族故宗廟嚴。」言君致敬宗廟則不敢忘其親也。「祖考來格」，《尚書·益稷》文。格，至也。言事宗廟能恭敬，則祖考之神來格。《詩》曰：「神保是格，報以景福。」亦是言神之至。「享於克誠」，《尚書·太甲》文，孔《傳》云：「言鬼神不保一人，能誠信者則享其祀。」則「祖考來格」「享於克誠」皆昭著之義。上言「宗廟致敬」，謂天子尊諸父，先諸兄，致敬祖考，不敢忘其親也；此言「宗廟致敬」，述天子致敬宗廟，能

〔二〕「物纖」與下「祭畢」之間，底本爲兩版空白。

感鬼神，雖同稱「致敬」，而各有所屬也。舊注以爲「事生者易，事死者難，聖人慎之，故重其文」，今不取也。上言「神明」謂天地之神也，此言「鬼神」謂祖考之神。《易》曰：「陰陽不測之謂神。」先儒釋云：若就三才相對，則天曰神，地曰祇，人曰鬼。言天道玄遠難可測，故曰「神」也。祇者，知也，言地去人近，長育可知，故曰「祇」也。鬼者，歸也，言人生於無，還歸於無，故曰「鬼」，亦謂之「神」。案《五帝德》云黄帝「死而民畏其神百年」是也。上言「神明」，尊天地也；此言「鬼神」，尊祖考也。

陳注：承上文，而言明王不特以事父母之孝事天地而致神明之彰已也，雖以天子之尊，必知有父之當尊與有兄之當先矣。其在宗廟承祭之時，則嚴威祗肅，致其恭敬，而不敢有忘親之心。及夫平居無事之時，則修身慎行，極其檢攝，而惟恐招辱先之譴。明王不過自謂率其孝道之常也，不知以修身慎行之主，兼又致敬於宗廟。對越之時，先王在天之靈，洋洋乎有如在其上，如在其左右者，而鬼神精爽之所著，其視神明之彰見，又何如其盛哉？夫孝悌之道，原始於家庭。然和順之至，精誠之極，至於神明彰，鬼神著，即幽而神明可以感通。如此則遠而四海，必將和氣充洽，光輝普被，又何有不通者乎？

《本義》《大全》：孝弟之通於天地神明，故雖天子至尊，尊無二上，而必有尊於天子者，蓋父也，故不可以弗孝；天子至尊，故莫之敢先，而必有先於天子者，蓋兄也，故不可以弗弟。至於宗廟之祭，必致其敬，事死如生，言不敢忘其親也。然必修身而謹其行，恐行一有失，而玷辱其祖考也。鬼神，謂祖考之神。夫言孝至於宗廟致敬，則洋洋在上，來格來饗，而鬼神之道於是乎著矣。不言「修身慎行」者，亦舉重也。明王孝德感通之神，又孰大於此？故總結而贊之，言孝之大，至於天地鬼神相爲感應，則偏天地閒，無非孝道充塞，人神無閒，上下協和，故孝弟之至其極，自然通融，貫徹於神明，光明顯輝，耀於四海，上下幽明，無有隔礙而不通者，明王孝德感通之大至於如此。所謂「以順天下，民用和睦，上下無怨」，至矣，無以復加矣。父兄，仍指自己父兄，而諸父諸兄，皆在其中爲是。若只作諸父諸兄，則上文事父孝，亦可謂諸父乎？安能通於事天？故解經者以經解經，誠然。董鼎曰：「修身慎行」，事親之始終不出於此。故爲人子，一舉足而不敢忘父母，一出言而不敢忘父母，惟恐一言一行之玷以辱其親。

按：舊説以父兄爲諸父兄，不忘親爲不忘宗族之親。陳、吕俱不從之矣。今只以自己父兄説爲是，父是正意，兄是陪説，故不忘親，又只承父一邊。「修身慎行」，作深一層意，以轉合「宗廟」句爲妥。不然，便礙口氣。「先」，是在已先之意。惟先，故當敬。

「通於神明」，總承上二段。天地鬼神，皆神明也。「光於四海」，連下句讀。《注疏》及《大全》皆以「無所不通」雙承「神明」「四海」，「神明」句有「通」字，又何用「無所不通」以言之乎？當以陳注截開爲是。光輝普被於四海，而無所不通，當以感格民物言之。「通於神明」，是覆説上文意。「光於四海」，是進一層意。

《詩》云：「自西自東，自南自北，無思不服。」

《注》：義取德教流行，莫不服義從化也。

《疏》：夫子述孝悌之行、愛敬之美既畢，乃引《大雅・文王有聲》之詩以贊美之。夫從近及遠，至於四方，皆感德化，無有思而不服者，以明「無所不通」。

陳注：義取四方皆感其德化，無有思而不服者，以明「光於四海，無所不通」之意也。

按：引西、東、南、北，即上文「四海」也。「無思不服」，即「無所不通」也。可見上文「光於四海」二句連説無疑。

旨：《本義》《大全》：孔子嘗謂「明郊社之禮、禘嘗之義，治國如視諸掌」。其言明王之以孝治天下，至於事天地、通神明、光四海，言大而理約。朱鴻曰：此章通論明王之孝之大，無間於死生存亡而一之者。説者不察，以首節即主祭享言。然則明王於父母直待祭享而始盡其孝乎？若以爲然，則下文「宗廟致敬」爲重出矣。草廬先生以「天地明察，神明彰矣」八字錯簡在「故雖天子」之上，今移易於「鬼神著矣」之下，學者近多宗之。今仍依舊本。但分屬三段看，正見聖筆精妙，包括無遺，無錯又何必支離纏繞，而移易於後？此蓋惑於「孝弟」二字要平看，不思「弟」字係是帶説者，非對舉以並言。首節止言「事父孝」至「神明彰矣」，不申「長幼順」二句者，以天地既明察矣，況長幼有不順乎？神明尚昭彰矣，況上下有不治乎？或以此二句專指弟説，則王者之治化，豈偏屬於弟道乎？殊不思能孝自無不弟。又舉幽則明者可見。次段止申「鬼神著矣」一句，不及天地、不及治平者，蓋以上下可類，而推孝極自無感而不應。末段方提出一「孝弟」字來，又不言通鬼神及治平者，蓋以通神明，則鬼神在其中；光四海，則治平在其内。聖筆精微，言簡意盡如此。

《講意先鞭》：此夫子極論孝行之感應以示人也，宜分四截看。自「昔者明王」以至「神明彰矣」爲第一截，是先舉古昔明王孝感之事。「故雖天子」至「鬼神著矣」爲第二截，是言後之爲天子者宜所取法。「孝弟之至」四句爲第三截，是結言孝道之通神明、光四海，而無所不通。引《詩》以贊之,爲第四截。總見孝道之大,其感應如此之玄且遠也。

按: 首段以孝感天地言,而歸在「神明彰矣」。次段以孝感祖考言,而歸在「鬼神著矣」。三段雙承上文,而極言其感應之理。末引《詩》以證感應之意。首段言長幼順,次段言必有兄,是帶言,然所以豫伏「弟」字,故下言「孝弟之至」也。吴草廬移「天地明察」二句於「鬼神著矣」之下,吕忠節謂其臆爲之,極是。《先鞭》分古之明王、後之爲天子,不可從。其分四段甚明。

講: 此極推孝之感應也。子曰: 孝道之大,幽而神明,遠而四海,無不可感通也。昔者聖明之君事父能孝,天亦父道也,故能明於事天,而事之盡其道; 事母能孝,地亦母道也,故能察於事地,而事之盡其道。以孝弟而施之家,長幼各順其序,故能使天地之閒,上而尊長,下而卑幼,無不平治。觀於此,可知事天明,事地察,而天地神明功用自然彰見,休徵協應,萬物咸若矣。孝之可以感天地如此。不特此也,故雖以天子之貴,亦必有其所尊也,蓋言其有父而爲所尊也; 必有其所先也,蓋言其有兄而爲所先也。故於宗廟祭祀,極致其敬,所以不忘其親,事死如事生,以其知所尊也。然又必修其身,而慎其行,恐行有失,而遂玷辱其先人也。能修身慎行,奉祭祀以致敬於宗廟,則來格來享,洋洋如在,而鬼神之道於是乎著矣。孝之可以感祖考如此。合而觀之，孝弟之至，則天地之神明彰，祖考之鬼神著。信乎，可以通於神明矣！以此光輝普被，及於四海，和氣充洽，感孚人心，又何有不通者乎？通，則四海皆服矣。《詩・大雅・文王有聲》之篇有云：自鎬京而西，自鎬京而東，自鎬京而南，自鎬京而北，無有不心服者。此即孝之通於神明，而光於四海，無所不通之謂也。孝之感通，爲何如哉！

孝經詳説卷五終

孝經詳説卷六

牟陽冉覲祖輯撰

事君章第十七

《疏》：此章首言「君子之事上」，又言「進思盡忠，退思補過」，皆是事君之道。孔子曰：「天下有道則見，無道則隱。」前章言明王之德、應感之美，天下從化，無思不服。此孝子在朝事君之時也，故以名章，次《應感》之後。

陳注：此章論君子事君之道。蓋爲在朝之卿大夫言也，而士亦在其中矣。

《大全》：今文、古文皆有。古文「君子之事上也」無「之」「也」二字；「故上下能相親」無「也」字。今文爲《事君章》。

子曰：君子之事上也，進思盡忠，退思補過，將順其美，匡救其惡，故上下能相親也。

《注》：上，謂君也。進見於君，則思盡忠節。君有過失，則思補益。將，行也。君有美善，則順而行之。匡，正也。救，止也。君有過惡，則正而止之。下以忠事上，上以義接下，君臣同德，故能相親。

《疏》：此明賢人君子之事君也。言入朝進見，與謀慮國事，則思盡其忠節；若退朝而歸，常念己之職事，則思補君之過失；其於政化，則當順行君之美道，止正君之過惡。如此則能君臣上下情志通協，能相親也。經稱「君子」有七焉：一曰「君子不貴」，二曰「君子則不然」，三曰「淑人君子」，四曰「君子之教以孝」，五曰「愷悌君子」。已上皆斷章，指於聖人君子，謂居君位而子下人也。六曰「君子之事親孝」，此章「君子之事上」，則皆指於賢人君子也。《説文》云：「忠，敬也。」盡心曰忠。《字詁》曰：「忠，直也。」《論語》曰：「臣事君以忠。」則忠者善事君之名也。節，操也。言事君者敬其職事，直其操行，盡其忠誠也。言臣常思盡其節操，能致身授命也。按舊注，韋昭云「退居私室，則思補其身過」，以《禮記·少儀》曰：「朝廷曰退，燕遊曰歸。」《左傳》引《詩》曰「退食自公」，杜預注：「臣自公門而退入私門，無不順禮。」室猶家也。謂退朝理公事畢而還家之時，則當思慮以補身之過，故《國語》曰「士朝而受業，晝而講貫，夕而習復，夜而計過，無憾而後即安」，言若有憾則不能安，是思自補也。按《左傳》：晉荀林父爲楚所敗，歸，請死於晉侯，晉侯許之。士渥濁諫曰：「林父之事君也，進思盡忠，退思補過。」晉侯赦之，使復其位。是其義也。文意正與此同，故注依此傳文而釋之。今云「君有過則思補益」，出《制旨》也，義取《詩·大雅·烝民》云「衮職有闕，惟仲山甫補之」，毛《傳》云：「有衮冕者，君之上服也。『仲山甫補之』，善補過也。」鄭《箋》云：「『衮職』者，不敢斥王言也。王之職有闕，輒能補之者，仲山甫也。」此理爲勝，故易舊也。按孔注《尚書·泰誓》云「肅將天威」爲「敬行天罰」，是「將」訓爲「行」也。「匡，正」，《釋詁》文也。馬融注《論語》云：「救，猶止也。」《尚書》云「予違汝弼，汝無面從」是也。

陳注：進，謂進見於君。退，謂既見而退。君子之事君，無一念而不在於君者，進而入告，則思竭盡其忠，而不敢有所欺；退而公餘，則思補塞主過，而不敢有所徇。至於君有爲善之美意，方在將萌未萌之介，則從而將順之，俾君之美以成；君有匪彝之惡意，方在將發未發之頃，則從而匡救之，俾君之惡以消。是君臣之相悦，猶夫魚水之相歡，鹽梅之相濟，吾知其上下交而德業成矣。其所謂相親也，豈其微哉？

《本義》《大全》：盡忠，謂事有當陳者，思以竭其忠愛之心。補過，謂己之責有未塞者，思以彌縫其闕失而補之。將，助也。順，導之也。其美，謂君之善。匡，謂正之於微。救，謂正之於顯。其惡，謂君之愆。下以忠事上，上以義接下，如父子之一氣，如元首股肱之一體，故必如是，而後能相親也。董鼎曰：君猶父，臣猶子，相親猶一家也；君爲元首，臣爲股肱，相親猶一體也。此相親之至也。

《講意先鞭》：進，謂趨朝時。退，謂退朝時。進見於君，己有善道，則思竭盡其忠；及其暫退，君有闕失，則思補塞其過。此二句且虚〔一〕説。「將順其美，匡救其惡」，正是盡忠補過之至，須要發出他委曲意思，方於上下相通貫。君之美未形，而吾助之於後，導之於前，故曰「將順」。如其美既成，無用「將順」矣。君之惡未形，而吾慮之以早，防之以豫，故曰「匡救」。如其惡既成，不及「匡救」矣。上下相親，謂君子之事上，所以忠愛其君者。如此，則君成其良顯，臣預其尊榮，故君臣上下能相親也。

按：「補過」，邢注辨之甚明，作「補君過」爲是。吕忠節主「自補其過」，恐涉諱君之

〔一〕「虚」字原重，今删其一。

過，不可從。「將」訓行，又訓助。「助」字較明。「將順」「匡救」，總承盡忠補過，進退皆然。《大全》匡、救分微、顯，亦與舊説異。上下相親，重臣有以致君之親。「親」字，伏「愛」字意。

《詩》云：「心乎愛矣，遐不謂矣。中心藏之，何日忘之？」

《注》：遐，遠也。義取臣心愛君，雖離左右，不謂爲遠。愛君之志，恒藏心中，無日蹔忘也。

《疏》：夫子述事君之道既已，乃引《小雅・隰桑》之詩以結之。言忠臣事君，雖復有時離遠，不在君之左右，然其心之愛君，不謂爲遠。中心常藏事君之道，何日暫忘之？

陳注：引此以明君子忠愛之心久而不替，蓋其天王聖明之念藏之中者已篤，以故其一進一退，一順一匡，舉不敢忘乎君有如此也。

《本義》《大全》：言臣心愛乎君，雖在遐遠，不謂遠者，蓋愛之一念，藏之中心，何日忘之也？使非本於孝，何以能忠君若是心乎？「愛」者，孩提之知也。「遐不謂」者，岵屺之思也。「中心藏之，何日忘之」者，終身之慕也。是故孝者，忠之本也。此是推論到孝上，非本文正意。

按:「遐不謂」,猶俗言不論遠近語氣。引《詩》全重「愛」字,「中心藏」即指愛説,盡忠補過,將順匡救,無非是愛君之心。依陳注,是愛君不忘君。朱子《詩傳》:「遐」訓何,「謂」訓告。今從舊説。

旨:《本義》《大全》:此又論移孝爲忠之道,以廣「中於事君」之意。朱子曰:「進思盡忠,退思補過」,亦《左傳》所載士貞子語。然於文理無害,引《詩》亦足以發明移孝事君之意。按《左傳·宣公十二年》:晉荀林父爲楚所敗,歸而請死。士貞子諫曰:「林父事君進思盡忠,退思補過。其敗也,如日月之食。」於是晉侯使復其位。維祺按:《孝經》,孔子爲明王以孝治天下而發,非止言家庭事親之一事也。而其首章即曰「中於事君」,如諸侯、卿大夫、士,無非言孝,亦無非言忠。其餘章所言事君之忠,不一而足。至十七章,則於忠君一節尤爲篤摯。是經也,謂之《孝經》可,即謂之「忠經」亦可。後世乃有依十八章作《忠經》者,無論其僭擬聖經,而其言亦非皆孔子之言,且湊泊割裂,全不類經,是後世《二九神經》之流耳。而好事者,每與《孝經》並稱,無惑乎?安石謂《孝經》爲淺近之書,而廢黜之也。悲夫!

按：上章但有以孝作忠，而未及專言事君。此章發出事君之義，「進思盡忠」四語，可以括盡臣道，而又引《詩》指出「愛」字，以明臣心。吕忠節云可謂之「忠經」，立論甚正大，而其歸本於孝，尤不失《孝經》之旨。

講：此言事君之道，以補前「中於事君」之義也。子曰：孝中於事君，而事君固有道矣。君子之事君也，進而在朝，則思盡忠於君。凡陳謨宣力，無不精白其一心。退食在家，則思補君之過，凡君德君政，不令其有所疏失。於君之有美意也，不待其已形，將助而順導之，以使其成；於君之有惡念也，不待其已發，匡正而救挽之，以使其消。如此，則臣悦君，君亦悦臣，上下能相親，而有泰交之象也。夫盡忠補過，將順匡救，皆所以愛君也。《詩・小雅・隰桑》之篇有云：爲臣者，心乎愛君，則不論所處之遠，而中心藏此愛君之念，無日而可忘也。君子之事君，亦惟深致其愛，而盡忠補過，將順匡救，自不容已矣。

喪親章第十八

《疏》：此章首云「孝子之喪親也」，故章中皆論喪親之事。喪，亡也，失也。父母之亡没謂之「喪親」。言孝子亡失其親也，故以名章，結之於末。

陳注：章中云「生事愛敬，死事哀戚，生民之本盡矣，死生之義備矣，孝子之事親終矣」，故以「喪親」名章，終之於末。

《大全》：古文、今文皆有。古文無四「也」字，餘同今文。今文爲《喪親章》。

子曰：孝子之喪親也，哭不偯，禮無容，言不文，服美不安，聞樂不樂，食旨不甘，此哀戚之情也。三日而食，教民無以死傷生，毁不滅性，此聖人之政也。喪不過三年，示民有終也。

《注》：生事已畢，死事未見，故發此章。氣竭而息，聲不委曲。觸地無容，不爲文飾。不安美飾，故服縗麻。悲哀在心，故不樂也。旨，美也。不甘美味，故疏食水飲。「哀戚之情」，謂上六句。不食三日，哀毁過情，滅性而死，皆虧孝道，故聖人制禮施教，不令至於殞滅。三年之喪，天下達禮，使不肖企及，賢者俯從。夫孝子有終身之憂，聖人以三年爲制者，使人知有終竟之限也。

《疏》：夫子述喪親之義。言孝子喪親，哭以氣竭而止，不有餘偯之聲；舉措進退之禮，無趨翔之容；有事應言則言，不爲文飾；服美不以爲安，聞樂不以爲樂，假食美味不以爲甘。此上六事，皆哀戚之情。「三日而食」者，聖人設教，無以親死多日不食傷及生人；雖即毀瘠，不令至於殞滅性命，此聖人所制喪禮之政也。又服喪不過三年，示民有終畢之限。《禮記·閒傳》曰：「斬衰之哭，若往而不反。齊衰之哭，若往而反。」此注據斬衰而言之，是氣竭而後止息。又曰：「大功之哭，三曲而偯。」鄭注云：「三曲，一舉聲而三折也。偯，聲餘從容也。」是偯爲聲餘委曲。斬衰則不偯，故云「聲不委曲」也。「觸地無容」，《禮記·問喪》之文也。以其悲哀在心，故形變於外，所以「稽顙觸地無容，哀之至也」。《喪服四制》云：「三年之喪，君不言。」又云：「不言而事行者扶而起；言而後事行者杖而起。」鄭玄云：「『扶而起』，謂天子、諸侯也。『杖而起』，謂大夫、士也。」今此經云「言不文」，則是謂臣下也。雖則有言，志在哀戚，不爲文飾也。案《論語》孔子責宰我云：「食夫稻，衣夫錦，於汝安乎？」「美飾」，謂錦繡之類也。故《禮記·問喪》云「身不安美」是也。孝子喪親，心如斬截，爲其不安美飾，故聖人制禮，令服縗麻。當以粗布，長六寸，廣四寸。麻，謂腰絰、首絰，俱以麻爲之。縗之言摧也，絰之言實也。孝子服之，明其心實摧痛也。韋昭引《書》云「成王既崩，康王冕服即位。既事畢，反喪服」，據此則天子、諸侯但定位初喪，是皆服美，故宜「不安」也。

言至痛中發，悲哀在心，雖聞樂聲，不爲樂也。

「旨，美」，經傳常訓也。嚴植之曰：「美食，人之所甘，孝子不以爲甘。故《問喪》云『口不甘味』，是不甘美味也。《閒傳》曰：『父母之喪既殯，食粥。既虞，卒哭，疏食水飲，不食菜果。』是疏食水飲也。」韋昭引《曲禮》云「有疾則飲酒食肉」，是爲食旨，故宜「不甘」也。

經云「三日而食，毁不滅性」，注言「不食三日」，即三日不食也。云「哀毁過情」者，是毁瘠過度也。言三日不食，及毁瘠過度，因此二者有致危亡，皆虧孝行之道。《禮記・問喪》云：「親始死，傷腎乾肝焦肺，水漿不入口三日。」又《閒傳》稱：「斬衰三日不食。」此云「三日而食」者何？劉炫言三日之後乃食。皆謂滿三日則食也。《禮記・三年問》云：「夫三年之喪，天下之達喪也。」鄭玄云：「『達』，謂自天子至於庶人。」注與彼同，唯改「喪」爲「禮」耳。《喪服四制》曰：「此喪之所以三年，賢者不得過，不肖者不得不及。」《檀弓》曰：「先王之制禮也，過之者，俯而就之；不至焉者，跂而及之也。」注引彼二文，欲舉中爲節也。起踵曰企，俛首曰俯。聖人雖以三年爲文，其實二十五月而畢。故《三年問》云「將由夫修飾之君子與？則三年之喪，二十五月而畢，若駟之過隙。然而遂之，則是無窮也。故先王爲之立中制節，壹使足以成文理則釋之矣」是也。《喪服四制》曰：「始死，三日不怠，三月不解，期悲哀，三年憂，恩之殺也。」故孔子云：「子生三年，然後免於父母之懷。夫三年之喪，天下之通喪也。」所以喪必三年爲制也。

陳注：孝子喪親，哀痛之極。其哭也不偯，氣竭而盡，不能委曲也。其禮也無容，觸地踊躃，不能爲容也。其言也不文，内憂無情，不能爲文也。服衣之美，有所不安；聞樂之和，有所不樂；食味之旨，有所不甘。凡若此者，乃孝子自然哀戚之情，非有所勉强而爲之也。禮，人子於父母之始死也，水漿不入口者三日。然過三日，則傷生矣。教民三日而食粥，使之無以哀死而至傷生。雖毁瘠，而不至於滅性。此聖人之爲政，所以爲生民立命也。喪則定爲三年而不過者，孝子報親之心雖無限量，聖人爲之中制，以示民有終極之期也。

《本義》《大全》：此又備言死事之孝，以盡孝之變也。孝子於父母生成之恩，昊天罔極，一旦不幸，而居親之喪，哀痛之極，五内割裂，發於聲爲哭。偯，哭餘聲也。不偯，氣竭幾盡,不能委曲也。動於貌,爲禮無容,觸地局脊,不暇修儀也。出於口,爲言不文,内痛無已,不暇修辭也。以至美服有所不安,故服衰麻;聞樂有所不樂,故不聽樂;食旨美之味有所不甘,故食疏食。此六者,皆孝子之真情,人心自有,非聖人强之也。禮,三年之喪,水漿不入口者三日。過三日,則傷生矣。所以三日而食,教天下之民無以哀死而傷生者。性者,人所受於天以生者也。愛親本出於性,若哀毁而至於傷生,則反至於滅性。《禮》所謂「不勝喪,比於不孝、不慈」是已。故雖毁瘠,而不使至於滅性。此聖人之政所以全其孝也。孝子之心,何有限量?聖人爲之立制不過三年,所以使民有終竟之時,使賢者俯從,不肖企及也。此皆聖人因人情而節文之,無賢愚貴賤一也。郝氏敬曰:親死曰喪。喪,失也。孝子不忍死其親,如親尚在相失之爾。横渠張子曰:三年之喪,二十五月而畢,又兩月爲禫,共二十七月。禮,鑽燧改火,天道一變,其期已矣。情不可以已,於是再期,又不可以已,於是加之三月,是二十七月也。

按:邢《疏》「無容」謂「無趨翔之容」,後有云「稽顙觸地」,以「觸」字言,則「稽顙」爲是。毁不滅性,較傷生進一層。《大全》之説可玩。

爲之棺椁、衣衾而舉之，陳其簠簋而哀戚之；擗踴哭泣，哀以送之；卜其宅兆而安措之；爲之宗廟，以鬼享之；春秋祭祀，以時思之。

《注》：周屍爲棺，周棺爲椁。衣，謂斂衣。衾，被也。舉，謂舉屍内於棺也。簠簋，祭器也。陳奠素器而不見親，故哀戚也。男踊女擗，祖載送之。宅，墓穴也。兆，塋域也。葬事大，故卜之。立廟祔祖之後，則以鬼禮享之。寒暑變移，益用增感，以時祭祀，展其孝思也。

《疏》：此言送終之禮，及三年之後宗廟祭祀之事也。言孝子送終，須爲棺椁、衣衾也。大斂之時則用衾而舉屍内於棺中也，陳設簠簋之奠而加哀戚。葬則男踊女擗，哭泣哀號以送之。親既長依丘壟，故卜選宅兆之地而安置之。既葬之後，則爲宗廟，以鬼神之禮享之。三年之後，感念於親，春秋祭祀，以時思之也。《檀弓》稱：「葬也者，藏也。藏也者，欲人之弗得見也。是故衣足以飾身，棺周於衣，土周於椁。」注約彼文，故言「周尸爲棺，周棺爲椁」也。《白虎通》云：「棺之言完，宜完密也。椁之言廓，謂開廓不使土侵棺也。」《易·繫辭》曰：「古之葬者，厚衣之以薪，葬之中野，不封不樹，喪期無數。後世聖人易之以棺椁。」案《禮記》云：「有虞氏瓦棺，夏后氏堲周，殷人棺椁，周人牆置翣」則虞夏之時，棺椁之初也。衣，謂襲與大、小斂之衣也。衾，謂單被，覆尸、薦尸所用。從初死至大斂，凡三度加衣也。一是襲也，謂沐尸竟著衣也，天子十二稱，公九稱，諸侯七稱，大夫五稱，士三稱。襲皆有袍，袍之上又有衣一通，朝祭之服，謂之一稱。二是小斂之衣也，天子至士皆十九稱，不復用袍，衣皆有絮也。三是大斂也，天子百二十稱，公九十稱，諸侯七十稱，大夫五十稱，士三十稱，衣皆禪袷也。《喪大記》云：「布紟二衾，君、大夫、士一也。」鄭玄云：「『二衾』者，或覆之，或薦之。」是舉屍所用也。棺槨之數，貴賤不同。皇侃據《檀弓》以天子之棺四重，謂水、兕革棺、杝棺一，梓棺二。最在内者水牛皮，次外兕牛皮，各厚三寸，爲一重，合厚六寸。又有杝棺，厚四寸，謂之椑棺，言漆之甓甓然。前三物爲二重，合一尺。外又有梓棺，厚六寸，謂之屬棺，言連屬内外。就前四物爲三重，合厚一尺六寸。外又有梓棺，厚八寸，謂之大棺，言其最大，在衆棺之外。就前五物爲四重，合厚二尺四寸也。上公去水牛皮，則三重，合厚二尺一寸也。侯、伯、子、男又去兕牛皮，則二重，合厚一尺八寸。上大夫又去椑棺，一重，合厚一尺四寸。下大夫亦一重，但屬四寸，大棺六寸，合厚一尺。士不重，無屬，惟大棺六寸。庶人即棺四寸。案《檀弓》云：「柏椁以端，長六尺。」又《喪大記》曰「君松椁，大夫柏椁，士雜木椁」是也。　《周禮・舍人職》云：「凡祭祀供簠簋，實之陳之。」是簠簋爲祭器也。　故鄭玄云：「方曰簠，圓曰簋，盛黍、稷、稻、粱器。」下《檀弓》云：「奠以素器，以生者有哀素之心也。」又按陳簠簋在「衣衾」之下、「哀以送之」上，舊説以喪大斂祭是不見親，故哀戚也。　案《問喪》云：「在牀曰尸，在棺曰柩。　動尸舉柩，哭踊無數。　惻怛之心，痛疾之意，悲哀志懣氣盛，故袒而踊之。　婦人不宜袒，故發胸、擊心、爵踊，殷殷田田，如壞牆然。」則是女質不宜極踊，故以「擗」言之。　據此女既有踊，則男亦有擗，是互文也。《既夕禮》：　柩車遷祖，質明設遷祖奠，日側徹之，乃載。　鄭注云：「乃舉柩却下而載之。」又云商祝飾柩及陳器訖，乃祖。　注云：「還柩鄉外，爲行始。」又《檀弓》云：「曾子弔於負夏，主人既祖。」鄭云：「『祖』爲移柩車去載處，爲行始。」然則祖，始也。　以生人將行而飲酒曰「祖」，故柩車既載而設奠謂之「祖奠」。　是「祖載送之」之義也。　按《士喪禮》「筮宅」，鄭云：「宅，葬居也。」《詩》云：「臨其穴，惴惴其慄。」鄭云：「穴，謂冢壙中也。」故云「宅，墓穴也」。　案《周禮》「冢人掌公墓之地，辨其兆域」，則兆是塋域也。　孔安國云「恐其下有伏石，涌水泉，復爲市朝之地，故卜之」是也。　「立廟」者，即《禮記・祭法》天子至士皆有宗廟，「王立七廟，曰考廟、曰王考廟、曰皇考廟、曰顯考廟、曰祖考廟，皆月祭之。遠廟爲祧，有二祧，享嘗乃止。諸侯立五廟，曰考廟、曰王考廟、曰皇考廟，皆月祭之。顯考廟、祖考廟，享嘗乃止。大夫立三廟，曰考廟、曰王考廟、曰皇考廟，享嘗乃止。適士二廟，曰考廟、曰王考廟，享嘗乃止。官師一廟，曰考廟。庶人無廟」。斯則立宗廟者，爲能終於事親也。舊解云：宗，尊也；廟，貌也。言祭宗廟，見先祖之尊貌也，故《祭義》曰「祭之日，入室，僾然必有見乎其位；周還出户，肅然必有聞乎其容聲；出户而聽，愾然必有聞乎其歎息之聲」是也。「祔祖」，謂以亡者之神祔之於祖也。《檀弓》曰：「卒哭曰『成事』，是日也，以吉祭易喪祭。明日，祔於祖父。」則是卒哭之明日而祔，未卒哭之前皆喪祭也。既祔之後，則以鬼禮享之。然「宗廟」謂士以上，則「春秋祭祀」兼於庶人也。《祭義》云「霜露既降，君子履之，必有悽愴之心，非其寒之謂也。春，雨露既濡，君子履之，必有怵惕之心，如將見之」是也。

陳注：當親之始死也，爲之棺以周衣，椁以周棺，衣衾以周身，然後舉而斂之；其葬也，陳其簠簋，奠以素器，則傷痛而哀慼之；其祖餞也，女擗男踊，號哭涕泣，則悲哀而往送之；爲墓於郊，則卜其宅兆，必得吉而安厝之。四者，慎終之禮也。爲廟於家，則三年喪畢，遷主於廟，以鬼而禮享之；及其久也，寒暑變遷，益用增感，春秋祭祀，以寓時思。

二者，追遠之禮也。此皆聖人之政，因人之情，而爲之節文者也。

《本義》《大全》：此又自聖人之政而詳言之。其始死也，爲之棺以藏其體，椁以附棺，衣衾以周身，然後舉而斂之。其朝夕奠也，不見其親之存，陳奠簠簋，而哀傷痛戚之。其將葬而祖餞也，不忍其親之去，女擗男踊，相與號哭涕泣，而盡哀往送之。擗，以手擊胸也。踊，以足頓地也。哭者，口有聲。泣者，目有淚。送，送葬也。其爲墓於郊，則必卜其墓穴之宅、塋域之兆，必得吉，而安厝以葬之。此慎終之孝也。其既葬也，各循其應立宗廟之禮制爲之。遷主於廟，始以鬼享之。稱鬼者，神之也。及其久也，寒暑變更，必有怵惕悽愴之心，春秋祭祀，以時而思。如思其笑語，思其居處之思。四時皆祭，言春秋，省文也。此追遠之孝也。所謂聖人之政，因情節文，無賢愚貴賤一者，此也。横渠張子曰：古之椁言井椁，以大木自下排上來，非如今日之籠棺也。故其四隅有隙，可以置物也。或曰：此言朝夕朔望之奠。簠，盛稻粱器，外方内圓。簋，盛黍稷器，外圓内方。按《士喪禮》：朝夕奠脯醢而已，盛以籩豆。朔月殷奠，始有黍稷，盛以瓦敦。卿大夫祭祀，少牢饋食，亦止用敦盛黍稷。以《公食大夫禮》推之，竊意天子、諸侯之殷奠，乃備黍、稷、稻、粱，而器用簠簋。此蓋舉上而言之也。司馬温公《孝經指解》云：「卜其宅兆而安厝之」,謂卜地決其吉凶,非若今陰陽家相其山岡風水也。地美,則其神靈安,其子孫盛。然則曷爲地之美?土色之光潤,草木之茂盛,乃其處也。而拘忌者或以擇地之方位,決日之吉凶。甚者,不以奉先爲計,而專以利後爲慮,尤非孝子之用心也。又曰:孝子以安親爲心,則地不可以不擇。其擇也,不可以太拘,則葬不患其不時。司馬温公又論:葬者,人子之大事。死者以窀穸爲安宅,死而未葬,猶行而未得其歸也。是以孝子雖愛親,留之不敢久也。古者,天子七月,諸侯五月,大夫三月,士踰月而葬。今《五服年月敕》:王公以下,皆三月而葬。是舉其中制而言之。按禮,未葬不變服,啜粥居廬,寢苫枕塊。蓋孝子之心,以爲親未獲所安,己故不敢安也。今世信葬師之説,既擇年、月、日、時,又擇山水形勢,以爲子孫貧富、貴賤、賢愚、壽夭盡繫於此,而爲其術又多不同,争論紛紜,無時可決。乃至終喪除服,或十年,或二十年,或終身,或纍世猶不葬。至爲水火所漂焚,他人所投棄,失亡尸柩,不知所之者,豈不哀哉?人所貴乎有子孫者,爲其死而形體有所付也。既而不葬,則與無子孫而死於道路者,奚以異乎?《詩》云:「行有死人,尚或殣之。」況爲人子,乃忍棄其親而不葬哉?大抵世之遷延不葬者,多以昆弟各懷自利之心,而野師俗巫又從而誑惑之,甚至徧納其賂,而紿之以私己。愚而無知者,安受其欺而弗悟也?夫某山强，則某支富；某山弱，則某支貧，非惟義理所不當問，雖近世陰陽書，亦有深排其説者。惟野師俗巫，則張皇煽惑，以爲取利之資。擇地者，必先破此謬説，而後無太拘之患。爲人子者，所當深察。

横渠張子曰：正叔嘗爲《葬説》，有五相地：須使異日決不爲道路，不置城郭，不爲溝渠，不爲貴家所奪，不致耕犂所及。

草廬吴氏曰：將置柩於其處，必乘生氣，無地風、水泉、沙礫、樹根、螻蟻之屬，及他日不爲城郭、溝池、道路，然後安卜者決之於神也。不卜，則擇之以人。《葬書》備言其術之理，可稽焉。中州土厚水深，不擇猶可。偏方土薄水淺，凡地不皆可葬。苟非其地，尸柩之朽腐敗壞至速，與舉而委之於壑同，孝子之心忍乎？先擇後卜，尤爲謹重。所謂謀及乃心，謀及士民，而後謀及卜筮也。按《喪禮》筮宅卜日，大夫以上，則葬日與宅兆皆用龜卜，或亦用筮。此云卜，蓋通言之。

楊氏東明曰：朱紫陽《昭穆葬圖》，儒家相與守之，則報本睦族之義備矣，真塋制之善經也。自堪輿之術行，而昭穆之法壞。不知家門興替，繫德厚薄；操縱予奪，天尸其柄。故天所與者，必不以無地獲咎；天所奪者，必不以有地蒙休。何者？地之理，當不勝天之靈，而以術求，終不若以德致者，不爽也。且彼信地理者，謂地靈乎？不靈乎？不靈也，擇之奚益也？果靈也，又奚至不論其人，而概予之福乎？然此猶以禍福言也。若論其流弊，則葬而復遷，遷而復改，令死者骨骸轉徙靡定，甚且停柩待地，至子孫衰，不克下土，此乃仁人孝子所忍乎？　橫渠張子曰：喪須三年而祔，若卒哭而祔，則三年都無事。禮，卒哭，猶存朝夕哭，若無祭於殯宫，則哭於何處？古者君薨，三年喪畢，吉禘然後祔。因其祫，祧主藏於夾室，新主遂自殯宫入於廟。《國語》言「日祭月享」，禮中皆有日祭之禮？此謂三年之不徹几筵，故有日祭。朝夕之饋，猶定省之禮，如其親之存也。至於祔祭，須是三年喪終，乃可祔也。《祭義》云：文王之祭也，事死者如事生，思死者如不欲生，忌日必哀，稱諱如見親。祀之忠也，如見親之所愛，如欲色然。祭之日，樂與哀半；饗之必樂，已至必哀。祭之明日，明發不寐，饗而致之，又從而思之。　又曰：君子有終身之喪，忌日之謂也。忌日不用，非不祥也。言夫日，志有所至，而不敢盡其私也。　新昌令應氏曰：經云「春秋祭祀，以時思之」，則祭之説豈止爲居喪時也？伊川先生曰：豺狼皆知報本，今士大夫家厚於自奉，而薄於先祖，甚不可也。某嘗修六禮，大略家必有廟，廟必有主，月朔必薦新，時祭用仲月。冬至祭始祖，立春祭先祖，季秋祭禰，忌日迎主，祭於正寢。凡事死者，皆當厚於奉生者。人家能存得此等事數件，雖幼者，可使漸知禮義。　或問「俗節之祭」，朱子曰：韓魏公處得好，謂之節祀，某家依之。但七月十五日，用浮屠説素饌祭，某却不用。初張敬夫廢俗節，某問公於端午須吃糉，重陽須飲茱萸酒，不祭而自奉，於汝心安乎？此《孝經》所謂「以時思之」之大義也。西山真氏曰：浮屠之教得行，由吾儒之禮先廢，不復祭禮，則居喪者悵悵無以報其親。

按：舉之舊説，謂舉屍納於棺。《大全》謂「舉而斂之」，覺雅。簠簋是祭器，不必拘上下所用。陳簠簋作朝夕奠爲是，不必定指將葬。卜宅兆，先儒之説備矣。吴草廬似信術家之説，然從親起見，不爲己身規利，不害爲孝。卒哭而祔，古禮所載。横渠云「三年而祔」，亦近人情。喪祭不用浮屠，最有關繫。有意從俗，反以瀆親，即謂之不孝可也。

生事愛敬，死事哀慼，生民之本盡矣，死生之義備矣，孝子之事親終矣。

《注》：「愛敬」「哀慼」，孝行之始終也。備陳死生之義，以盡孝子之情。

《疏》：此合結生死之義。言親生，則孝子事之，盡於愛敬；親死，則孝子事之，盡於哀慼,生民之宗本盡矣,死生之義理備矣,孝子之事親終矣。言十八章具載有此義,「愛敬」是孝行之始也,「哀慼」是孝行之終也。

陳注:此又合「始終」而言之,以結一書之旨。謂孝子之事親,生則事之以愛敬,死則事之以哀慼。如此,生民之道,以孝爲本,於此而盡矣;養生送死,其義爲大,於此而備矣;孝子事親之道,於是而終矣。或問:孝子之事親終矣,豈自是而後可遂已乎?曰:非也。孝子之心無窮也,在一日,則思在一日。古者大孝,所以有終身之慕也。此云「終」者,畢之謂也。謂生盡其養,死永其思,然後子職畢盡無遺,非謂從今日後遂不必容心也。

《本義》《大全》:此總結全篇之意,言孝子事親,於其生也,事之以愛敬,如前章所云者。於其死也,事之以哀戚,如此章所云者。生民之道,以孝爲本,盡於此矣。養生送死,其義爲大,備於此矣。然後孝子事親之道,終於此矣。夫孝之大,至於生死始終,無所不盡其極,於膝下親嚴之性始圓滿,於天經地義之理始貫徹,於德教政令之化始暢,遂謂之德之本而教所由生,又何疑哉?噫!此夢周公爲東周之素心,而特寄之一堂問答閒,其旨深遠矣。草廬吴氏曰:民之生也,心之德爲仁,仁之發爲愛。愛親,本也;及人,末也,故爲「生民之本」。義者，宜也，生而愛敬，死而哀慼，理所宜然，故曰「死生之義」。孫本曰：末復總結全篇之義，蓋至此而孝子事親之道終矣。著之爲經，乃孔子平生所藴治天下之大經大法，而出於一時問答之語，又何疑哉？今合前後而觀之，序次詳明，脈絡貫通，始終具備，本末兼該，誠六經之總會也。奚俟采輯裝綴，而後成經乎？於戲！是經之宏綱鉅目，章章如是，乃以爲童習而弁髦之。甚哉！其侮聖言也。

按：此所云生事死事，在本章只是言死事，而連生事言之，其義方全，要是本章之結語也。而舊説謂通結一書，亦推論之辭耳。「生民之本」三句，通承「生事」二句。「生民」句重「本」字，「死生」句重「義」字。「盡」字、「備」字、「終」字一串下，必如此而後盡，而後備，而後終也。

旨：《本義》《大全》：言孝子事親之變，以終一篇之意。「生事愛敬」以下總結之也，可謂至精約矣。朱子曰：亦不解經，别發一義，其語尤精約也。

《講意先鞭》：此夫子述孝子居喪之事以示人，宜分四截看。「孝子之喪親」句，是冒語。「哭不偯」七句，是述孝子自具之哀情。「三日而食」六句，是聖人喪制之禮。「爲棺椁衣衾」六句，是述聖人慎終追遠之禮。「生事」五句，是合始終而總結上文，并結一篇之語也。

按：以「喪親」名篇，居喪之事，乃其正意，而及於祭者，祭亦喪親之後事也。此言喪祭，雖不及《禮》之詳，而大意已盡。「事親終矣」，此爲孝之結局，亦經之結局。

講：此言喪親之禮，以終事親之事也。子曰：人子愛親之心無已，欲其永存，而親以有盡之年，豈能常在？則葬祭之禮，尤事親者所不可忽矣。夫孝子之喪其親也，其哭氣竭而不偯，其禮觸地而無容，其言樸率而無文。服之美者，則不安，而不服之；聞樂聲，則不樂，而不聽之；食旨味，則不甘，而不食之。此孝子哀戚之至情，出於自然，而無所勉强也。凡初喪，三日而令之食，教民無以哀死之故而傷其生；雖毁瘠，而不至滅其性。此聖人之爲政以禮，防民如此也。喪不過三年，示民以有終限，不得任情爲之也。聖人又爲之棺椁、衣衾，舉而斂之；陳設簠簋祭器以奠，而哀戚之；女擗男踊，號哭涕泣，葬則哀以送之；卜其宅兆，擇吉地藏柩，而安置之；爲之祔主於宗廟，以鬼神之禮享之；及其久也，春秋祭祀，以時而思慕之。夫由始喪而斂，而奠，而葬，而祔，而祭，聖人制禮，周詳如此。統「始終」言之，人子於親之生所以事之者，極其愛敬；於親之死所以事之者，極其哀感。生民之根本在乎孝，於此盡矣；養生送死之大義，於此備矣；孝子之所以事親者，終矣。然而孝子一息尚存，則心猶思慕，豈有終竟哉？

總論：河南張恒嘗問《孝經》何以有今文、古文之别。草廬吴氏曰：黄帝時，倉頡始造字。周宣王時，史籀因倉頡字，更革爲大篆。秦始皇時，李斯因史籀字，更革爲小篆。倉頡字，謂之古文。秦人以爲篆書繁難，又作隸書，取其省易，專爲官府行文書而設。自此人趨簡便，習隸者衆，習篆者寡，公私通行，皆是隸書。經火於秦而復出於漢，當時傳寫只用世俗通行之字。武帝時，魯共王壞孔子屋壁，得孔鮒所藏《書》《禮》及《論語》《孝經》，皆倉頡古文字。後人稱漢儒隸書傳寫之經爲今文，以相别異云爾。古文《書》，孔安國獻之，遭巫蠱事，不及傳行。安國没後，其書無傳。東萊張霸詭言受古文《書》，成帝時徵至，較其書，非是。《漢志》所載《武成》之辭，即張霸僞古文《書》也。古文《禮》五十六篇，與今文《儀禮》同，餘三十九篇謂之《逸禮》，鄭玄注《儀禮》《禮記》，屢嘗引用。孔穎達作《疏》之時猶有，後乃燬於天寶之亂。古文《論語》二十一篇，與《魯論語》《齊論語》爲三。古文《孝經》二十二篇，與今文《孝經》爲二，魏晉而後不存。隋人以今文《孝經》增減字，分析兩章，又僞作一章，名之曰古文《孝經》，其得之也全無來歷左驗。《隋·經籍志》及唐開元時集議，顯斥其妄。邢昺《正義》具載，詳備可考。司馬温公有《古文孝經指解》，蓋温公謂古文尤可尊也，而不疑後出之僞。朱子《刊誤》，姑據温公所注之本，非以古文優於今文而承用之也。學者豈可因後儒之傅會，而廢先聖之格言也？　吕維祺曰：謹按《孝經》大意，孔子爲明先王以孝立教而發。「孝，德之本，教所由生」，其綱領也。自「身體髮膚」至「未之有也」，皆言「孝，德之本」，而教在其中。自「甚哉，孝之大也」至「名立於後世矣」，皆言「教所由生」，而本於孝。自「若夫慈愛恭敬」至末，復因曾子之問而推廣極言之，無非申德本、教生之意，前後語意相承，脈絡貫通，而其理至廣大，復至精約，真聖人之言也。後儒紛紛致疑，而以意改之，或未揆之理耳。程子曰：讀書者，常平其心，易其氣，闕其疑，則聖人之意可見。又曰：自見義理，只是義理甚分明，如履平坦道路。　董鼎曰：孔子此書，雖以授曾子，而備言立孝之用，則自天子、諸侯、卿大夫、士、庶人，皆所通行。而爲人上者，又德教之所自出，故一則曰「先王有至德要道」，二則曰「明王以孝治天下」，三則曰「明王事父孝事母孝」，至末章，則亦曰「教民無以死傷生」，又曰「示民有終也」。則是孝者，天地之經，人道之本，誠有天下國家者之所先務也。故雖生事葬祭，貴賤有等，禮不可違，而秉彝好德之心，則自天子達於庶人，無貴賤一也。聖人之爲生民慮者，豈不深且遠哉？然則感人心，厚風俗，至德要道，又何以加於孝？

按：今文《孝經》十八章，質諸朱子所言，誠有可疑。然《刊誤》既未行世，而聖經不可一日不以垂訓。取十八章，因文立訓，裒輯群説，而删正之，固不能爲聖人之完書，而亦可發明言孝之大義也。其於朱子《刊誤》，章次雖異，而較諸朱子生平著書立言之意，竊有所取，而不至背馳，其亦可告無罪也夫。

嵩陽耿逸庵先生有《孝經易知》，徧給童蒙。每歲春秋，集童子於書院，令其倍誦，授之飲食，獎以紙筆。及期，童子塞途而至會講堂下，揖讓如禮，朗然成誦。既畢，縱遊書院中外遍。林麓泉石閒，垂髫總角，嘻笑歌呼，天真爛漫，太和在宇。予主書院，兩與其事，久而不能忘。《易知》過簡，成童而後欲敷析文義者，不能不取證於他書。予爲是編，與《易知》相輔而行，分長幼授之。視《易知》爲詳，故謂之《詳説》。見聞未廣，缺略尚多。同志者，幸有以益我。

孝經詳説卷六終

附《孝經詳説》四庫提要

孝經詳説二卷　河南巡撫採進本

國朝冉覲祖撰。覲祖有《易經詳説》，已著録。是書遵用今文，全載唐玄宗之《註》，節録邢昺之《疏》，兼採元董鼎、明瞿罕、陳士賢諸家之説，末附以朱子《刊誤》，而大旨則在辨定吕維祺所著《孝經本義》《大全》《或問》三書。所附《吕氏或問》摘録一篇，既逐條闡發其義，復附《餘義》一篇，以糾其誤。蓋維祺之學兼入陸王，覲祖則恪守程朱，故所論有合有不合也。顧所載維祺《表章孝經疏》後附録擬題數目，有單句題、雙句題、連句題、摘段題、搭截題、全章合章搭章題諸名，非詁經之體，亦非講學之道。覲祖顧深取之何耶？

孝經集解

【清】趙起蛟 撰

孝經集解序

五經自宋皆有成書，《詩》《書》註於朱、蔡矣，《周易》傳於程、《本義》於朱矣，《春秋》傳於胡，《禮記》集説於陳矣。惟《孝經》一書，漢鄭氏註外，則人篤其説，戶私其書，學者苦無以考異而會同，如五經之有所遵守也，亦已久矣。

仁和趙子司濤獨起而博搜典籍，廣集衆長，醇者存之，疵者去之，畧者詳之，隱者顯之，依顔芝本章次，分卷十八，名曰《集解》，辨往説之誣，啓愚蒙之障，有功學者匪淺也。乃以其書藏之家塾，以課其子若孫。嗟乎！司濤豈若硜硜小儒，故靳其傳以高其價者哉？吾固知其志之有在也。蓋世儒不於躬行實踐上體驗，而徒于章句間聚訟不休，已非一日。司濤心非而厭薄之，意在身體力行而止，奚必與世儒較短長於言論哉？況其樂道安貧不屑求人之概，一如廼翁丹山先生，又何由得付之梓，出而公之世也？方今朝廷力圖孝治，其所以風示天下者，亦已至極。而司濤是書煩悉其辭，丁寧其義，使智愚賢不肖，皆有以明其理而行其事，則所以相與扶進醇風者，未必不由於此。因與同志力謀梨棗，工竣，令嗣請序於余，余曰：會群言於一原，而不失之錯與雜也；出獨見於心得，而不失之偏與異也；酌繁簡於至當，而不失之冗與漏也。雖與諸儒之《易》《詩》《書》《春秋》《禮記》並垂不朽，可也。

康熙甲子一陽月甬東世弟謝于道存峨氏拜撰於花塢之山房。

敘

《孝經》本河間顔芝所藏，漢初芝子貞出之，凡十八章，而長孫氏、江翁、后倉、翼奉、張禹世傳其學。又有古文《孝經》二十二章，與古文《尚書》同出孔壁，安國爲傳。至劉向典校經籍，除其繁惑，以十八章爲定，鄭衆、馬融並爲之注。又有鄭氏注，相傳云康成而出，疑其不類康成諸註也。魏晉以後，王肅、常昭、蘇林、皇侃之徒，注者無慮百家，而十不存一，則解之難集也。孔氏古文亡失已久，至隋時秘書監王邵訪得之，河間劉炫始離拆增衍，以合二十二章之數。當時儒生喧然，皆謂炫自作，决非漢世古文也。及唐開元中詔議孔、鄭二家，劉知幾以爲宜行孔廢鄭，諸儒非之。明皇自取劉邵、陸澄六家之説註之，刻石太學，號爲「石臺《孝經》」。至宋司馬温公作《指解》，又以古文爲真。朱子初因衡山胡侍郎之言，復質之沙隨程可久、玉山汪端明，作《孝經刊誤》。元吴文正公復尊今文，因朱子《刊誤》校其同異，爲定本。明儒景濂宋氏病諸儒於經之大旨少所發明，而獨紛争於其末。震川歸氏謂：今世所存，要以爲有聖人之微言，故莫若俱存之，而待學者之自擇。則集解者至今日而欲折衷於至當，豈不爲尤難哉？

仁和趙君司濤潛心嗜古，一仍石臺舊本，薈萃唐、宋、元、明諸家之説，訂爲《集解》，間有儒先所未盡，則稍出辨論，務當於義理而止。其取材也富矣，其約旨也精矣，庶幾能發揮經之大旨，存聖人之微言，而獨爲其難者乎！夫孝治之大，塞天地，横四海，庸愚日用之間而可循，聖哲終身行之而不足。惟不以章句解説視之，而實體之於躬行心得之餘，然後知是書之爲功甚大，不徒校同異、分古今，如漢世經師以擅專門之長而已。司濤復因紫陽，欲掇取他書之言，可發此書之旨，别爲分傳而未遑，乃備採經傳，作《孝經類編》數十卷。余兄耿巖太史常稱漳浦黄石齋先生《孝經集傳》達愛敬之原，揭道德之根柢，足補先賢所未逮。余知司濤是書出，其必與之分鑣而並馳也夫。

時康熙癸亥季夏同學弟沈佳頓首拜譔。

孝經集解序

昔夫子删定六經，以授門子弟。其後爲曾子陳孝道，則門弟子罄折立，曾子抱河洛書北向授大義，是爲《孝經》。自秦燔《詩》《書》，而顏芝本最先出，非如六經殘缺失次，或老生口授，或得自女子，迨蝌斗古文出，而參錯愈甚；又其書乃曾子所親承，非如《論語》成于曾子、有子門人轉相傳述；《戴記》襍出漢儒，真僞至莫能定。然頗疑孔門弟子七十人多通六藝，而夫子獨稱閔氏子爲至孝。若曾子之篤行且得聞大道，初未嘗一言許，而孟孫、游、夏之徒次第質問，夫子與之語，又人人殊如。《禮傳》所載曾子言孝，至精且悉，足與經相發，而千八百餘言，亦無有一言證合者，兹獨何歟？抑又疑孝極德行之大，鉅細宜無弗備，經第舉其大而略其小，語其本而忽其末。至于温凊省定之文，旨甘問視之節，噦噫嚏咳之細，疾痛疴癢之謹，雖聖人或未必曲盡，顧一弗之及，而乃舉天經地義之大，通神明、光四海之遠，以爲教于天下。夫通神明、光四海者，此聖孝之極，而用勞用力者所不可學而至也。而欲以槩責之人，人何其難也。余嘗反覆是書，以爲教化之本在於立身，身立而名揚，然後無忝乎所生。故以之爲教則化行，以之爲政則治成。其責歸於卿大夫士，而其效及於庶民，斯推而放諸四海而準，此夫子立言之大旨耳矣。嗚呼！此豈諓諓閭里之士一味之甘、一謦欬之微爲足盡其義藴者乎？

仁和趙司濤先生，初取朱子《小學》爲之集解，已復有《孝經集解》之刻，期以喻諸人人及乎卿大夫士，以上達乎朝廷。越十年書成，蓋自漢江翁、后蒼以來，至先生而注乃備。其於夫子立言大旨，既能採而出之，而令余向時之疑，庶幾盡釋焉。先生又有《孝傳》，取古今孝子慈孫，依經以立傳，因傳以繪圖，其勤于勸世若此。嗟乎！吾輩讀書稽古，胥稱孔門弟子，竊經明之號，而身不修，名不立，求之門内，不無微憾者，其視古卿大夫士居何等也？

時康熙歲次甲子長夏錢唐後學章撫功拜手題。

孝經集解

目録

孝經集解目録終

孝經集解例言

一、《孝經》自魏武立傳，由漢、晉以迄唐、宋、元、明，解者如林。或太繁而失之龐雜，或太簡而失之掛漏，或以粗淺昧聖言微意，或以過深悖聖言正旨，學者苦無折衷久矣。今先生是書繁簡得宜，淺深當理，有功後學，良匪淺鮮。

一、名《集解》者何？先生徧閱諸家之解，擇其明白切當者，以次彙集，明非一家言也。先生之不任己見以没人善，於是書已見一班。

一、解以鄭氏爲主，他賢之説有集其全者，有集其半者，有集其數句者，大約意見雷同，斷不溷列以亂見聞。惟范氏解文連旨環，不可分配各節下，故於篇末特載其全。

一、先生集解頗費斟酌，鵬等見先生寒暑不輟，寢食俱忘，殫精極力於是書者，已歷有年。每曰經義極發露又極深微，心粗氣浮，便於本旨有天淵之隔。故句推字求，惟與經義實有發明者，方爲緝入，不則槩從屏置。

一、先生去取甚嚴，其不合經旨者，既不濫收，而必附辯之者，先生慮斯理不明，人心日流於異則匡正殊難，諄諄辨駁，其即先聖不得已之心歟。

一、前賢之説有所未備，先生以己意融會經旨，曰「愚按」、曰「愚意」及不列古賢名者，皆先生解也。學者讀之，自然心領神會，鵬敢阿私所好，謬爲讚誦哉？

一、集解姓氏悉依經文次第，不分年代先後，故有元人而列宋人之前，漢人而居唐人之後，甚至先生之説有竟列首條者，非錯亂顛倒，總以便後學耳。

一、經文字句悉遵石臺本，他本或有不同者，先生用細字分註各段下以備考辨。

一、先生喪王父母時，哀毁過甚，眼花手顫，不能楷書。故凡蒐撿書册，去取删削，獨出先生心裁；其抄謄校對，皆命鵬等膺任，恐粗疏忽畧，字畫不無失誤，尚祈明眼改正。

一、寒家自前甲申以來，流離播遷，遺書被劫，十失八九。歲丁酉又遭祝融，零落殆盡矣。謀生之餘，力不能購書，先生節衣食之給以備案頭，然較前所藏，不過十之二三耳。集中大約借閲抄録者多，先生時以不能廣採爲歉，匪謂解者止此也。倘蒙四方君子不吝鄴架，發其秘藏，郵寄武林，得成全書，公其便於天下，甚盛業也。

錢唐趙飛鵬謹識

孝經

趙起蛟集解

班固曰：《孝經》者，孔子爲曾子陳孝道，且「夫孝，天之經，地之義，民之行也」，舉大者言，故曰《孝經》。○皇侃曰：經者，常也，法也。此經爲教，任重道遠，雖復時移代革，金石可銷，而爲孝事親常行，存世不滅，是其常也；爲百代規模，人生所資，是其法也。○邢昺曰：孝者，事親之名；經者，常行之典。○司馬光曰：聖人言則爲經，動則爲法，故孔子與曾子論孝，而門人書之，謂之《孝經》。○丘濬曰：《孝經》，孔、曾問答之言，而曾氏門人所記也。○愚按：孝之爲理，塞乎天地，遍乎事物，無人可外，無時可離，故以經名，取可常行之義。凡言經者，皆學者尊稱之辭。雖聖人言可爲經，究之聖人立言本懷，初不在此。異説雜出，亦以經名，妄自尊大，僭竊名號，愚人惑焉，全不顧名思義也。又人生天地，爲臣不可不忠，爲子不可不孝，忠孝道全，斯稱成人。自邪説充斥，而忠孝理微，亂臣賊子，接迹於世，孔子懼，作《春秋》以紀其事，使爲臣子者有所鑒於前，乃以懲於後也；作

《孝經》以明其理，使爲臣子者有所得於心，乃以措諸躬也。然《春秋》雖專紀事，而忠孝之理，已散著於二百四十年之間；《孝經》雖專言理，而忠孝之事，則合符於一十八章之内。是《春秋》與《孝經》，題目雖分，道理則一。觀夫子之自言曰「吾志在《春秋》，行在《孝經》」，亦可見矣。或謂子夏，文學士也，故授之《春秋》以矯其浮靡之失；子輿，魯者也，故授之《孝經》以成其敦篤之行。不知二經之授，雖屬二子，而《春秋》寄賞罰之微權，豈僅爲卜氏之書？《孝經》陳愛敬之大用，豈僅爲曾氏之書？世之願治之君，志學之士，苟於此而融會貫通，身體力行焉，其於治道立身，豈小補哉？

開宗明義章第一

邢昺曰：開，張也。宗，本也。明，顯也。義，理也。言此章開張一經之宗本，顯明五孝之義理，故曰「開宗明義章」也。章者，明也，謂分析科段，使理章明。《説文》曰：「樂歌竟爲一章。」章字從音、從十，謂從一至十。十，數之終。諸書言章者，蓋因《風》《雅》凡有科段，皆謂之章焉。第，次也。一，數之始也。以此總標，諸章以次結之，故爲第一，冠諸章之首焉。○愚按：十八章題名，古未嘗有之，乃後儒以己意推闡，集議詳定，而唐石臺本仍之者也。《孝經》定本，元朱申句爲註解，分節不分章，惟《刊誤》乃分經一章，傳十四章，依《大學》經文例。元吴澄較定今文本，畀子文受讀。大德癸卯，門人張恒請梓行世，章次亦分經傳，第經仍今文。删去引《詩》引《書》之詞，合五孝爲一章，與《刊誤》小異。傳則合《五刑》一章，去《閨門》一章，分爲十二章，次第前後，與《刊誤》迥乎不同矣。或曰：古文二十二章，出孔壁，未之行，遂亡其本。或曰：劉向校古文，定爲一十八章。或曰：河間顔芝藏本十八章。或曰：隋劉炫分《庶人章》爲二，分「曾子敢問」章爲三，僞造《閨門》一章，合古文二十二章之數。或曰：《閨門章》匪出長孫氏，蓋晉宋人爲之。或曰：自「天子」至「庶人」五章，皇侃標其目，冠於章首。開元間，用諸儒議章，始各有名，如「開宗明義」等類。諸説紛紜，莫之能定。大約於經文本旨，無大乖謬。然孔本得乎武帝，顔本出於漢初，傳世久遠。故今仍顔本一十八章，匪敢臆爲論訂，亦姑從衆云爾。

仲尼居，曾子侍。一本「居」字上多「閒」字，「侍」字下多「坐」字。

仲尼，孔子字，名丘。居，謂閒居。曾子，孔子弟子，名參，字子輿，魯南武城人。稱子者，曾氏門人尊其師也。侍，卑者在尊側之謂。○鄭氏曰：侍，謂侍坐。○邢昺《正義》曰：凡侍有坐有立，此則侍坐也。○愚按：此門人序作經之所自始，記此六字也。下「子曰」及「曾子避席曰」，與連篇「子曰」「曾子曰」，皆出自記者之口。蓋敘述問答之體宜然。《正義》謂自標己字，稱「仲尼居」；呼參爲子，稱「曾子侍」，建此兩句，以起師資問答之體。下「子曰」，皆孔子自謂。竊恐不然。近世師生，或事足恭。古昔聖賢，以傳道授業解惑爲事，稱謂之間，勿煩謙下。故夫子之詔弟子，其載諸《魯論》可考者，亦既彰彰矣。曰回，曰由，曰求，曰賜，曰赤，曰點之類，不可勝述。大約皆直呼其名，何嘗忌諱而自卑以標其字，尊弟而稱爲子也？即「一貫」章，亦曰「參乎」，傳孝可以呼參爲子，傳道獨不可以呼參爲子乎？夫君前臣名，父前子名，師前弟名，大義昭然。故曾子承問，即避席稱名以對。夫亦曰：師弟猶父子也，猶君臣也。名稱之間，弟宜尊其師，師何所尊其弟乎？況爾汝輕賤之稱，師加於弟，受者無辭，豈非尊卑之分，不容强乎？夫子治衛，正名爲先。今如邢説，明孝之道，顧反亂其名乎？邢氏此説，予已不録，爲之詳辨者，以其見諸《註疏》，恐學者誤信勿疑，則師弟之分不明，而名稱之混，不知何所底止矣。故附辨於此，非好喋喋擬議前賢也。

子曰：先王有至德要道，以順天下，民用和睦，上下無怨，女知之乎？一本「先王」上有「參」字。

女，音汝，下同。○子，孔子也。《公羊傳》云：子者，男子通稱也。古者謂師爲子。曰者，辭也，下「子曰」義同。○愚按：先王，謂古先聖王，伏羲、堯、舜、禹、湯、文、武、周公也。至，極也。德者，人心所得於天之理，仁、義、禮、智、信是也。要，總會也。殷仲文曰：窮理之至，以一管衆爲要。道者，事物當然之理皆是，而其大目，則父子也，君臣也，夫婦也，昆弟也，朋友之交也。蓋即性之命於天者，率而行之，以爲天下之達道也。又分言之曰德，曰道，其實一也。以其内得於心，故曰德；以其外見諸事，故曰道。德言至，道言要者，明乎萬事萬物之理，莫過乎此，亦莫切乎此也。指孝言，蓋所性之理，而仁兼統之；仁之發爲愛，而愛由親始，故孝爲德之至，道之要也。○鄭氏曰：孝者，德之至，道之要也。言先代聖德之王，能順天下人心，行此至要之化，則上下臣人和睦無怨。○邢昺《正義》曰：依王肅義，德以孝而至，道以孝而要，是道德不離於孝。○吴澄曰：孝者，其心有順而無逆。以孝教天下，使皆化而爲順，故曰「以順天下」。民，謂庶人。上，謂天子在諸侯之上，諸侯在卿大夫之上，卿大夫在士之上。下，謂士在卿大夫之下，卿大夫在諸侯之下，諸侯在天子之下也。孝，順德順道也。以順德順道順天下者，天子也。順達於庶人，則其内之兄弟夫婦，外之比閭族黨，靡有乖争。順達於諸侯、卿大夫、士，則爲下者，順事其上，而上無怨於下；爲上者，順使其下，而下無怨於上。天地之間，一順充塞，九族既睦，百姓昭明，黎民於變時雍。人人親其親，長其長，而天下平，唐虞成周之盛也。〇女，謂曾子。〇董鼎曰：天下之怨，每生於不和；不和之患，常起於不順。今有一道理，能使之和順而無怨，誠學者所當知也。引而不發者，重其事，而未欲遽言之也。〇愚按：意無所拂逆之謂順。孝者，人心所同得，古今所共由。先王以此躬孝行倡率於上，即以此整齊化導夫下，自然而然，毫勿勉强，而民有不和協而親睦者乎？將上而人君，下而臣民，皆相安於大順之中，而無所怨憾矣。此極至之德，切要之道，夫子急以知詢曾子也歟。

曾子避席，曰：參不敏，何足以知之。

愚按：禮，師有問，則避席起答。故曾子聞孔子至德要道之問，即離其坐，以魯鈍不足以知答之，蓋承之以謙也。〇鄭氏曰：敏，達也。言參不達，何足以知此至要之義。

子曰：夫孝，德之本也，教之所由生也。復坐，吾語女。一本「生」字下無「也」字。

夫，音扶，下同。復，去聲。○善事父母謂孝。愚意事之所該者廣，善之所藴者微矣。○朱子曰：以愛親而言，則爲仁之本也。其順乎親，則爲義之本也。敬乎親，則爲禮之本也。其知此者，則爲智之本也。其誠此者，則爲信之本也。○本，猶根也。○鄭氏曰：人之行，莫大於孝，故爲德本。又言教從孝而生。又曾參起對，故使復坐。○司馬光曰：人之修德，必始於孝，而後仁義生。先王之教，亦始於孝，而後禮樂興。○董鼎曰：行仁必自孝始。君子親親而仁民，仁民而愛物。一念之發，生生不窮，猶木之有根也。聖人以五常之道立教，本立則道生。移之以事君，則忠矣；資之以事長，則順矣；施之於閨門，則夫婦和矣；行之於鄉黨，則朋友信矣。充拓將去，舉天下之大，無一物而不在吾仁之中，無一事而不自吾孝中出，故曰「教之所由生」。又孝之義甚大，而其爲説甚長，非立談可盡，故使復位而坐，而詳以告之。○愚按：「夫孝，德之本，教之所由生」二句，是一篇綱領，全經不過發明此二句。《祭義篇》曾子有言：「仁者，仁此者也；禮者，履此者也；義者，宜此者也；强者，强此者也。樂自順此生，刑自反此作。」豈非「德之本，教之所由生」

二語，有以啓其機乎？朱子以世儒之訓詁詞章，管、商之權謀功利，老、佛之清淨寂滅，與夫百家之支離偏曲，皆不得謂之教者，誠惡其理與孝悖，業與孝違也。然則舍孝無所爲德，舍孝無所爲教，夫子早發明其旨趣，以防閑夫邪僻，意深哉！○此申明上文所謂「至德要道」也。○《疏鈔》曰：「『夫孝，德之本也』，釋『先王有至德要道』，謂至德要道，元出於孝，孝爲之本也。『教之所由生也』，釋『以順天下，民用和睦，上下無怨』，謂王教由孝而生也。○虞淳熙曰：孝字，從老省，從子。子在老傍，抗而不順非孝也；老在子下，逆而不順非孝也。老上子下，斯象形矣。○潘之淇曰：老自爲老，子自爲子，非孝也。老化其半，一體而分；子承老身，全體而合，斯會意矣。又「教」字從孝，從攴；「學」字從斈，從冖，從臼。斈，古文孝字。冖，音覓，遮隔之意。臼，音掬，兩手撤取障蔽之意。從孝，從攴，分條設科，導天下而入於孝也。從孝，從冖，從臼者，發蒙去障，啓自心而入於孝也。故孝爲教之所由生，亦爲學之所由生。○楊簡云：古文「學」字，即是「孝」字。○《謚法》：「至順曰孝，五宗安之曰孝，慈惠愛親曰孝，秉德不回曰孝，協時肇厚曰孝。」

身體髮膚，受之父母，不敢毀傷，孝之始也。

身，總言其大。體，分言其細。髮，毛髮。膚，皮膚。毀，謂虧辱。傷，謂破損，《周禮》：「見血爲傷。」○樂正子春曰：壹舉足而不敢忘父母，壹出言而不敢忘父母。壹舉足而不敢忘父母，是故道而不徑，舟而不游，不敢以先父母之遺體行殆；壹出言而不敢忘父母，是故惡言不出於口，忿言不反於身。不辱其身，不羞其親，可謂孝矣。○鄭氏曰：父母全而生之，已當全而歸之，故不敢毀傷。○按：不虧體，所以全其形；不辱身，所以全其性。一舉足而不忘，不虧其體也；一出言而不忘，不辱其身也。如此方得謂之全而歸之，不敢毀傷者矣。○司馬光曰：聖人之教，所以養民而全其生也。苟使民輕用其身，則違道以求名，乘險以要利，忘生以決忿，如是而生民之類滅矣。故聖人論孝之始，而以愛身爲先。○董鼎曰：孝以守身爲大。身者，親之枝也，大而一身四體，細而毛髮皮膚，皆受之於父母者。爲人子者，愛重其身，而不敢少有毀傷，此乃孝之始事也。○吴澄曰：孝者愛親，而身者，親之枝，故愛親必自愛身始。○愚意：此以安常論，故必全歸，始可言不毀傷。其或變出非常，禍鍾叵測，自返無致毀傷之由，而有不得不毀傷之勢。揆諸理而宜，即毀傷何傷？故「不敢毀傷」一語，正不得漫責之殺身成仁者，然亦非偷生苟免僥倖萬一者所得藉口以自文也。又人常以受之父母爲念，則視聽言動，自不容於不謹，而飲食寢興，皆獲所天，自無計較爾我之私，營擾牽繫矣。

立身行道，揚名於後世，以顯父母，孝之終也。於，一本作「于」。

立，樹立也，言無所摇動也。揚，傳播也。後世，没世也。没世不稱，君子所疾，故名以後世爲真。顯，光顯也。父母無名，以子之名而名，勝於爵位之榮也。○皇侃曰：若生能行孝，没而揚名，則身有德譽，乃能光榮其父母也。○鄭氏曰：言能立身行此孝道，自然名揚後世，光顯其親。故行孝以不毁爲先，揚名爲後。○邢昺曰：夫不敢毁傷，闔棺乃止。立身行道，弱冠須明。經雖言其始終，此畧示有先後，非謂不敢毁傷唯在於始，立身獨在於終也。明不敢毁傷，立身行道，從始至末，兩行無怠。此於次有先後，非於事理有終始也。又行孝道，不至揚名榮親，則未得爲立身也。○吴澄曰：孝之始終，皆在此身。蓋人子之身，即父母之身。始則保其身，以全所有；終則成其身，以彰所自，可謂孝矣。○愚意：前言事親，以守身爲本；此言守身，以行道爲急。能行道，則身自立。身立而令聞廣譽播之當時，傳之後世。人稱其子，推所自生以及其父母，所必致也。故父母無貧賤，亦貧賤於人子之身立與否耳。爲人子者，又可以行道爲緩圖哉？又「立身行道」云者，言不爲奇邪所惑，能卓然特立於仁義中正之途，而不介於兩可，方可言「立身」；其於所謂親義序别信之道，各盡其精微，一無所闕，造次於是，顛沛於是，始得言「行道」也。不然，索隱行怪，後世有述，聖人何以不爲？而遵道而行，半塗而廢，聖人又何以勿能已哉？亦可見矣。

夫孝，始於事親，中於事君，終於立身。

鄭氏曰：行孝以事親爲始，事君爲中。忠孝道著，乃能揚名榮親，故曰「終於立身」也。○吴澄曰：事親者，不敢毁傷，其大也。左右就養等事，在其中矣。事君者，推愛親之心，以愛君也。立身者，行道揚名之謂也。○前言「至德要道」，蓋言在上者之孝，而通乎下。「夫孝」以下三句，結前意也。後言孝之始終，蓋言在下者之孝，而通乎上。「夫孝」以下三句，結後意也。○按：鄭玄以爲父母生之，是事親爲始；四十强而仕，是事君爲中；七十致仕，是立身爲終。而劉炫駁云：若以始爲在家，終爲致仕，則兆庶皆能有始，人君所以無終。若以年七十者始爲孝終，不致仕者皆爲不立，則中壽之輩，盡曰不終；顔子之流，亦無所立矣。駁解甚明，附記於此。○愚意：人之有身，親生之，君成之，出與處無二致,親與君無二道,移孝可以作忠,故求忠臣必於孝子之門,則事親者即所以事君。有事親而不得事君者矣,未有能事親而不能事君者也。蓋始之事親,所以全夫孝之體;中之事君,所以顯夫孝之用。人患不忠耳,不孝耳。君親大倫,兩全無愧,則由此類推,事事不虧其行可知,又何身之不立,而孝不盡於是乎?又可見人於大處缺畧,小處即有可觀,終不足取;人於大處不失,小處即無可採,亦已無損。況長於小者,未有不短於大,而優於大者,究未嘗絀於小,又往往然哉!

《大雅》云:「無念爾祖,聿修厥德。」一本無《詩》詞。

《詩·大雅·文王》之篇。無念,猶言豈得無念也。爾祖,文王也。聿,發語辭。厥,其也。義取常念爾祖,在於自修其德。○一説:聿,述也。○鄭氏曰:恒念先祖,述修其德。○按:經中引《詩》及《書》,凡十有一章,取以相證,使人諷詠自得,讀者不以辭害意可也。○范祖禹曰:聖人之德,無以加於孝,故曰「至德」。治天下之道,莫先於孝,故曰「要道」。因民之性而順之,故曰「順天下」。「民用和睦,上下無怨」,順之至也。上以善道順下,故下無怨;下以愛心順上,故上無怨。人之爲德,必以孝爲本。先王所以治天下,亦本於孝，而後教生焉。孝者，五常之本，百行之基也。未有孝而不仁者也，未有孝而不義者也，未有孝而無禮者也，未有孝而不智者也，未有孝而不信者也。以事君則忠，以事兄則悌，以治民則愛，以撫幼則慈。德不本於孝，則非德也；教不生於孝，則非教也。君子之行，必本於身。《記》曰：「身也者，親之枝也，可不敬乎？」身體髮膚，受之於親，而愛之，則不敢忘其本；不敢忘其本，則不爲不善以辱其親。此所以爲孝之始也。善不積，不足以立身；身不立，不足以行道。行修於内，而名從之矣。故以身爲法於天下，而揚名於後世，以顯其親者，孝之終也。居則事親者，在家之孝也；出則事長者，在邦之孝也；立身揚名者，永世之孝也。盡此三道者，君子所以成德也。《記》曰：「必則古昔，稱先王。」故孔子言孝，每以《詩》《書》明之，言必有稽也。

男 飛鵬
　 鳴謙 校對

孝經

趙起蛟集解

天子章第二

邢昺曰：前《開宗明義章》雖通貴賤，其跡未著。故此以下至於《庶人》，凡有五章，謂之五孝，各説行孝奉親之事而立教焉。天子至尊，故標居其首。按《禮記·表記》云「惟天子受命於天」，故曰天子；《白虎通》云「王者父天母地」，亦曰天子。虞夏以上，未有此名，殷周以來，始謂王者爲天子也。又《孝經援神契》曰「天子之孝曰就」，言德被天下，澤及萬物，始終成就，榮其祖考也。○愚按：孝無貴賤，一也。分天子、諸侯、卿、士、庶人者，明孝之理雖同，而孝之分有限，過不得，不及不得。故五等之中，天子至尊，列五孝之首，序爵也。

子曰：愛親者不敢惡於人，敬親者不敢慢於人。一本「愛親者」上無「子曰」二字。

惡，烏路反，下同。○邢昺曰：五等之孝，惟於《天子章》稱「子曰」者，皇侃云：「上陳天子極尊，下列庶人極卑。尊卑既異，恐嫌爲孝之理有別，故以一『子曰』通冠五章，明尊卑貴賤有殊，而奉親之道無二。」○愛，喜好也。親，謂父母。惡，憎厭也。敬，恭敬。慢，褻慢。人，謂他人，自王宮王族以至臣庶皆是。又人者，對己之稱。○沈宏曰：親至結心爲愛，崇恪表迹爲敬。○劉炫曰：愛惡俱在於心，敬慢並見於貌。愛者，隱惜而結於內；敬者，嚴肅而形於外。○皇侃曰：愛敬各有心迹。烝烝至惜，是爲愛心；溫清搔摩，是爲愛迹；肅肅悚悚，是爲敬心；拜伏擎跪，是爲敬迹。○董鼎曰：愛者，仁之端；敬者，禮之端。惡者，愛之反；慢者，敬之反。○「不敢惡於人」，鄭氏曰：博愛也。「不敢慢於人」，鄭氏曰：廣敬也。○一説天子施化，使天下之人皆行愛敬，不敢慢惡於其親。○朱申曰：天子愛其父母者，必能推此心以愛百姓，不敢惡也；天子敬其父母者，必能推此心以敬百姓，不敢慢也。○吳澄曰：天子之事親，在爲世子時。及爲天子，則宗廟之祭，事死如生，事亡如存，此愛敬其親也。○愚意：「愛敬」二者，乃行孝之條目，而全篇之樞要也，先儒之論備矣。然沈氏以心迹分屬愛敬，似偏。皇氏以愛屬心、敬屬貌，則與沈氏同意。大約諸論之中，不如董氏仁禮與反之説，因用以著其本體，爲直捷曉暢也。蓋仁禮乃愛敬根源，愛由於仁，則愛不溺於私；敬由於禮，則敬不流於僞矣。又遇仁而愛生，遇禮而敬生，是有時而愛敬，有時而不愛敬矣，以之接物則可，豈人子事父母之道乎？故必無時不愛敬，而常變勿渝，表裏如一，斯之謂愛敬其親者。又非愛而只知用敬，則近於太嚴，嚴非所以事親也；非敬而只知用愛，則近於太易，易非所以事親也。事親者，貴愛與敬交盡。又愛敬爲生人所同，而惡慢惟天子最易。誠由愛親而推之，無一物不蒙其愛，愛則已誠矣，惡何自生？由敬親而推之，無一人不行其敬，敬則已誠矣，慢何自生？大抵愛敬有時而疏，則惡慢即乘於不覺，故驗之無所惡慢，而愛敬之功方密。又常人之惡慢，其暨被者近；天子之惡慢，其暨被者遠，尤宜加意省察。兩「不敢」字，正推見至隱處，亦正規諫人主處。

愛敬盡於事親，而德教加於百姓，刑于四海，蓋天子之孝也。「盡於」「加於」，「於」字，一本作「于」。「天子之孝」下，一本無「也」字。

盡,極至而無餘之詞。事,奉也,凡以卑承尊,皆曰事。己所得,人所效,曰德教。加,被及也。百姓,以國言。刑,儀法也。四海,以天下言。蓋,鄭氏曰:猶畧也。孝道廣大,此畧言之。○鄭氏曰:君行博愛廣敬之道,使人皆不慢惡其親,則德教加被天下,當爲四彝之所法則也。○朱申曰:愛敬之心,盡於事父母之時,則德教被於百姓,皆不敢慢惡其親,而四海之内,視之以爲法則也。○董鼎曰:我之愛既盡,則人亦興於仁,而知所愛矣;我之敬既盡,則人亦興於禮,而知所敬矣。夫如是,則四海之大,百姓之衆,皆知有所視傚,而同歸於孝矣。○又曰:天子者,天下之表也。上行之,則下傚之;君好之,則民從之。天子所以愛敬其親者如此其至,則下之人所以愛敬其親者亦莫敢不至。況孩提之童,無不知愛其親;及其長也,無不知敬其兄。愛親敬兄,本人心天理之固有,天子亦順其所固有而利導之耳。安有感之而不應,倡之而不和者哉?所謂「先王有至德要道,民用和睦,上下無怨」者如此。○愚按:人主撫有兆姓之衆,四海之大,所宵旰圖維者,綏緝之方,化導之術耳。設爲嚴刑峻法以束縛之,制爲高爵厚禄以誘掖之,而民究不知所遷善,而俗終於不長厚者,本末源流之勿審也。乃上衹自盡其家人父子之事,無乎不愛,無乎不敬,而民亦莫不各盡其家人父子之事,無有不愛,無有不敬。德教之所漸摩,而風之偷者自厚，人之頑者悉化。夫得其本源，化導之易如此；徒恃末流，綏緝之難如彼。人主可不急求盡夫愛敬也哉？又庠序學校，德教之地；力田明倫，德教之序。君人者，不以言教而以身教，則唐虞三代之盛可復矣。又自「愛親者」起，至「未之有也」，五孝爲一章爲經，《刊誤》、吴本同。

《甫刑》云：「一人有慶，兆民賴之。」一本無《書》詞。

《甫刑》，即《周書·吕刑》也。○邢昺曰：《尚書》有《吕刑》，而無《甫刑》。○孔安國曰：後爲甫侯，故稱《甫刑》。一人，天子也。慶，善也。十億曰兆，言多也。○鄭氏曰：義取天子行孝，兆人皆賴其善。○《正義》曰：善則愛敬是也。一人有慶，結愛敬盡於事親已上也；兆民賴之，結德教加於百姓已下也。○《註解》曰：天子一人，明德慎罰，召集和氣，享有福慶。下而兆民，皆仰賴一人蔭庇，人人和睦無怨。○朱鴻曰：天子能愛敬其親，而不敢慢惡於人，即一人有慶也。德教遠被，四海典型，即兆民賴之也。○潘之淇曰：引《書》雖是頌辭，然將「兆民賴之」一語諷詠起來，便凜凜有任大責重，馭朽集木之思。○范祖禹曰：天子之孝，始於事親，以及天下。愛親，則無不愛也，故不敢惡於人；

敬親，則無不敬也，故不敢慢於人。天子之於天下也，不敢有所惡，亦不敢有所慢，則事親之道，極其愛敬矣。刑之爲言法也，「德教加於百姓，刑于四海」者，皆以天子爲法也。天子者，天下之表也，率天下以視一人。天子愛親，則四海之内無不愛其親者矣；天子敬親，則四海之内無不敬其親者矣。天子者，所以爲法於四海也。《詩》曰：「群黎百姓，徧爲爾德。」故孝始於一心，而數被於天下；慶在其一身，而億兆無不賴之也。

男　飛鵬　鳴謙　校對

孝經

孝經

趙起蛟集解

諸侯章第三

邢昺曰：次天子之貴者，諸侯也。按《釋詁》云：「公、侯，君也。」不曰「諸公」者，嫌涉天子三公。故以其次稱爲諸侯，猶言諸國之君也。皇侃云：以侯是五等之第二，下接伯、子、男，故稱「諸侯」，今不改也。又曰：夫子前述天子行孝之事已畢，次明諸侯行孝也。《孝經援神契》曰「諸侯行孝曰『度』」，言奉天子之法度，得不危溢，是榮其先祖也。○愚按：諸，衆也。侯，君稱。言「諸侯」，該五等也。

在上不驕，高而不危；制節謹度，滿而不溢。

在上，在一國臣民之上。驕，矜肆也。高，居尊位也。危，不安也，謂勢將隕墜。制，以刀裁物也。節，如竹節。度，如尺度，有分限也。又制節，制財用之節；謹度，謹守法度也。滿，處富足也。溢，涌泛也，如水之溢出。○鄭氏曰：費用約儉謂之制節，慎行禮法謂之謹度，無禮爲驕，奢泰爲溢。○正義曰：滿，謂充實。溢，謂奢侈。○鄭氏曰：諸侯列國之君，貴在人上，可謂高矣，而能不驕，則免危也。○朱申曰：諸侯貴在人上，而不驕縱，則其位雖尊高，而不至於危險。裁制其節約，謹守其法度，則其勢雖盛滿，而不至於泛溢。○董鼎曰：諸侯在一國臣民之上，而不敢自驕，則身雖居高，而不至於危殆不安矣。制節財用，謹守法度，則財雖盛滿，而不至於涌泛蕩溢矣。○吴澄曰：諸侯貴爲一國之主，其位之崇，如自高臨下，處之者易以危；富有一國之財，其禄之豐，如水滿器中，持之者易以溢。在臣民之上，能不自驕，則雖高不危；制財用之節，能謹侯度，則雖滿不溢。○愚按：位不期驕，禄不期侈，《書》有明訓矣。貴則驕自至，富則侈自來。諸侯貴爲一國之君長，富有一國之賦税，而能敬事節用，又何危與溢之有？又高者恒危，滿者恒溢，亦理勢之自然也。乃不驕則不危，制節謹度則不溢，可見危與溢之勢雖相因，而不危與不溢之理有一致。人主患矜肆而不謙，侈靡而不儉耳，患高而危，滿而溢乎哉？又此固爲列邦之君致警，然上而天子，下而士庶，高滿或過乎諸侯，或不及乎諸侯，其能共凜不驕、制謹之明訓，庶乎有安而無危，日益而勿溢矣。又按張能鱗衍「不驕」之義，曰：慎世守，恪侯度，祀宗廟，交鄰國，皆所以廣謙德也。衍「不溢」之義，曰：遵王制，節工作，省遊觀，謹師旅，皆所以廣儉德也。又按《易》地山爲謙，朱子曰：「止乎内而順乎外，謙之意也。山至高而地至卑，乃屈而止於其下，謙之象也。」《謙》卦六爻皆吉，能謙者無往不益。然謙不中禮，不又踵浮來盟莒之失乎？故胡安國曰：「太卑而可踰，非謙德也。」水澤爲節，朱子曰：「下兑上坎，澤上有水，其容有限，故爲節。」然節以防其過，非以阻其不及。苟一於節，是曰苦節，何可貞乎？風人所以刺譏於《蟋蟀》也。爲謙爲儉，又必以禮爲歸，非其明徵歟？

高而不危，所以長守貴也；滿而不溢，所以長守富也。「守貴」「守富」之下，一本無「也」字。

位尊曰貴，財足曰富。○朱申曰：惟其高而不危，則可以長保其爲君之貴；惟其滿而不溢，則可以長保一國之富。○董鼎曰：居高位而不危，則不失其位之貴，是所以長守此貴也；處盛滿而不溢，則不失其財之富，是所以長守此富也。○吴澄曰：長守其貴，謂不以陵傲召禍，而致卑替；長守其富，謂不以僭侈費財，而致虚耗。○愚按：此承上文而申言之，以明不可不謙約之故。蓋論富貴之非道，固不可以苟處，而分封之初，爵禄一準於分之宜，則非非道明矣。故或在受封伊始，或在累世已後，受爵則已貴，食禄則已富。既已富貴，則當思所以守之者。孰知即不危不溢而所以守之之道，不外是乎？然則世主可不急求夫不驕與制謹之理，而坐失其富與貴也哉？

富貴不離其身，然後能保其社稷，而和其民人，蓋諸侯之孝也。「諸侯之孝」下，一本無「也」字。

離，力智反。○社，土神。稷，穀神。凡封建侯國，爲立社稷之壇壝，其君主而祭之。○按《韓詩外傳》言：「天子大社，東方青，南方赤，西方白，北方黑，中央黄土。若封四方諸侯，各割其方色土，苴以白茅而與之，諸侯以此土封之爲社，明受之天子也。」社，即土神也。皇侃以爲稷，五穀之長，亦爲土神，則稷亦社類也。《左傳》曰：「共工氏之子曰勾龍，爲后土，后土爲社；烈山氏之子曰柱，爲稷，自夏以上祀之。周之棄亦爲稷，自商以來祀之。」言勾龍、柱、棄，配社稷而祀之，則勾龍、柱、棄，非即社稷也。又《條牒》云：「稷壇在社西，俱北鄉並列，同營共門。」和，謂不乖離。民，謂農及工商。人，謂士及府史胥徒。諸侯，謂五等國君。公九命，侯、伯七命，子、男五命。○鄭氏曰：列國皆有社稷，其君主而祭之。言富貴常在其身，則長爲社稷之主，而人自和平也。○正義曰：上文先貴後富，言因貴而富也。下覆云富在貴先者，此與《易・繫辭》「崇高莫大乎富貴」，《老子》云「富貴而驕」，皆隨便而言之，非富合先於貴也。○朱申曰：富與貴常在其身，然後可以長爲社稷之主而祭其神，而人心亦自和平也。○董鼎曰：自其始封之君，受命於天子，而有民人，有社稷，以傳之子孫。所謂國君積行累功，以致爵位，豈易而得之哉？則爲諸侯之先公者，其身雖没，其心猶願有賢子孫世世守之而不失也。爲其子孫者，果若循理奉法，足以常守其富貴，則能保先公之社稷，和先公之民人矣。諸侯之所以爲孝者，莫大於此。如其不念先公積累之艱勤，恣爲驕奢，至於危溢，以失其富貴，而不能保其社稷民人，則不孝莫甚焉。此諸侯所當戒也。○虞淳熙曰：社稷民人，父母受之祖宗，祖宗受之天子，所致望於子孫者，能保守，能和睦也。今果能如此，豈非孝乎？○潘之淇曰：和其民人，亦有不敢惡慢之意，亦有民用和睦之意。○孫本曰：國家傳之先世，子孫不能保而守之，至於危亡者，恒以驕奢之習勝，禮法之防疏也，其爲不孝大矣。故始於戒驕溢、循節度，而終於保社稷者，諸侯之孝之始終也。○朱鴻曰：此諸侯繼述之孝。○愚按：此總結上文。言能長守其富貴，則富貴已不離其身；而社稷、民人，所受於天子以爲國者，由是而保守之，不至於失亡；由是而和合之，不至於乖離矣。

《詩》云：「戰戰兢兢，如臨深淵，如履薄冰。」一本無《詩》詞，一本移冠下章。

《詩·小雅·小旻》之篇。戰戰，恐懼貌。兢兢，戒謹貌。「臨深恐墜」，《正義》謂如入深淵，不可復出；「履薄恐陷」，《正義》謂没在冰下，不可拯濟。○鄭氏曰：義取爲君恒須戒懼。○愚按：此詩大夫刺幽王惑於邪謀，不能斷以從善而作。此末章懼及其禍之辭也，引以爲保社稷、和民人者致警耳。又不驕制謹，正是戒懼之功。蓋深淵易墜，人所畏臨；薄冰易陷，人所怯履。高危滿溢，與此何異？誠視高危滿溢等之深淵薄冰，則所以敬謹者，自不容於不至，又何矜肆奢僭之有？又曾子有疾，召門弟子，開衾而視，示以所保之全，而告以所保之難。反復丁寧，不過此戰兢數語，則此詩爲守身之明訓昭然矣。○潘之淇曰：一人有慶，上冒下之辭；以事一人，下承上之辭。諸侯上凛天子之威，下有民人之責，故曰「戰戰兢兢」。○范祖禹曰：國君之位，可謂高矣；有千乘之國，可謂滿矣。在上位而不驕，故雖高而不危；制節而能約，謹度而不過，故雖滿而不溢。貴者易驕，驕則必危；富者易盈，盈則必覆。故聖人戒之。貴而不驕，則能保其貴矣；富而不奢，則能保其富矣。國君不可以失其位，惟勤於德，則富貴不離其身，故能保其社稷，和其民人。所受於天子先君者也，能保之則爲孝矣。《詩》云：「戰戰兢兢，如臨深淵，如履薄冰。」言處富貴者，持身當如此，戒慎之至也。夫位愈大者，守愈約；民愈衆者，治愈簡。《中庸》曰：「君子篤恭而天下平。」故天子以事親爲孝，諸侯以守位爲孝。事親而天下莫不孝，守位而後社稷可保，民人乃和。天子者，與天地參，德配天地，富貴不足以言之也。

男 飛鵬 鳴謙 校對

孝經

趙起蛟集解

卿大夫章第四

邢昺曰：次諸侯之貴者，即卿大夫焉。《説文》云：「卿，章也。」《白虎通》云：「卿之爲言章也，章善明理也。大夫之爲言大扶，扶進人者也。故傳云：進賢達能，謂之卿大夫。」《王制》云：「上大夫，卿也。」又《典命》云：「王之卿六命，其大夫四命。」則爲卿與大夫異也。今連言者，以其行同也。又曰：夫子述諸侯行孝之事終畢，次明卿大夫之行孝也。舊説云：天子、諸侯各有卿大夫。此章既云言行滿於天下，又引《詩》「夙夜匪懈，以事一人」，是舉天子卿大夫也。天子卿大夫尚爾，則諸侯卿大夫可知也。

非先王之法服不敢服，非先王之法言不敢道，非先王之德行不敢行。

德行，行字，下孟反。○服合禮制曰法服。先王制禮，異章服以别品秩，則卿有卿之服，大夫有大夫之服也。按天子冕十有二旒，虞制，日、月、星辰、山、龍、華蟲六章會於衣，法天陽；宗彝、藻、火、粉米、黼、黻六章繡於裳，法地陰。註：日、月、星辰，取照臨於下；山，取興雲致雨；龍，取變化無窮；華蟲，謂雉，取耿介。藻取文章，火取炎上以助其德，粉取潔白，米取能養，黼取斷割，黻取背惡鄉善。周制，登龍於山，登火於宗彝。公自袞冕以下如王之服，其冕九旒，衣會龍、山、華蟲、火、宗彝五章，裳繡藻、粉米、黼、黻四章。侯、伯自鷩冕以下如公之服，其冕七旒，衣會華蟲、火、宗彝三章，裳與公同。子、男自毳冕以下如侯、伯之服，其冕五旒，衣會宗彝、藻、粉米三章，裳繡黼、黻二章。孤自絺冕以下如子、男之服，其冕三旒，衣會粉米一章，裳與子、男同。卿大夫自玄冕以下如孤之服，其冕無旒，衣無章，裳繡黻。六冕服，並以絲爲之，玄衣纁裳。士則弁而不冕，衣服皆無章。卿大夫於六冕服得服其一，爵弁服、皮弁服、玄冠服三等，與士同。凡服，上得兼下，下不得僭上。服，服之也。○鄭氏曰：服者，身之表也。先王制五服，各有等差。言卿大夫遵守禮法，不敢僭上偪下。○邢昺《正義》曰：僭上，謂服飾過制，僭擬於上也。偪下，謂服飾儉固，逼迫於下也。○鄭氏曰：法言，禮法之言。德行，道德之行。若言非法，行非德，則虧孝道，故不敢也。○道，言之也。○董鼎曰：爲卿大夫者，當遵守禮法，謹修德行。非先王之法服不敢服，惟恐服之不衷，身之災也；非先王之法言不敢道，惟恐言輕而招辜也；非先王之德行不敢行，惟恐行輕而招辱也。○愚按：首服，次言，次行者，人之相與，先觀容飾，次交言辭，後考德行也。然服與言行較，服其輕者也，言行其重者也。先其輕者，後其重者，總以見恪遵先王，毋有違悖耳。又非畏威慕勢，强爲因襲。蓋衣冠言動，先王既已文質得中，美善無弊，原予後以可服、可道、可行之實，則後之服之、道之、行之，乃合乎分之宜，由乎道之正，又敢徒恃其聰明材力，以自外於先王之大中至正也哉？所以孟子答曹交爲堯舜之道，而勉以服堯服，誦堯言，行堯行，勉之以先王也；戒以服桀服，誦桀言，行桀行，戒之以非先王也。

是故非法不言，非道不行；口無擇言，身無擇行。言滿天下無口過，行滿天下無怨惡。

擇行，行字，去聲。○「非法不言」，鄭氏曰：言必守法也。法，即上文所謂法言。「非道不行」，鄭氏曰：行必遵道也。道，即上文所謂德行。擇，謂或是或非，可擇者也。無擇，謂言行皆遵法合道，而無可選擇也。口過，謂言不合法，出口有差。怨惡，謂行不合道，召怨取惡。○鄭氏曰：禮法之言，焉有口過？道德之行，自無怨惡。○吴澄曰：所言皆法言，則口無可揀擇之言。雖言滿天下，在己亦無口過。所行皆德行，則身無可揀擇之行。雖行滿天下，在人亦無怨惡。卿大夫立朝，則接對賓客；出聘，則將命他邦，故言行滿天下。○愚意：上文「不敢」云者，存其心於未言行之前，有謹凜預防之意。此直言「不」者，著其迹於既言行之後，有發見自然之意。不言「服」而獨言「言」「行」者，詳其重而畧其輕也。正見言行之重者，尚率由先王，況服之輕者乎？蓋行之所該者廣，服不過行中之一節耳。故不必復言服，非以服爲輕，而可任意僭亂也。下文仍以「三者」總結，亦明矣。

三者備矣，然後能守其宗廟，蓋卿大夫之孝也。一本「卿大夫之孝」下無「也」字。

三者，服、言、行也。一説謂出於身，接於人，及於天下。宗廟，天子七廟，諸侯五廟，大夫三廟。卿與大夫同祭法，卿大夫立三廟。宗字，門中有示，廟之名也。寢之前屋有東西廂者曰廟。虞集曰：宗廟者，鬼神之所依也。有禰廟者，己之子孫兄弟皆至焉；有宗廟者，自父之兄弟子孫皆至焉；有曾祖廟者，自祖之兄弟子孫皆至焉；有太宗之廟者，凡族之子孫，莫不至焉，不忘其所自生也。卿大夫，通王朝侯國之卿大夫而言。王之卿六命，大夫四命；公侯伯之卿三命，大夫再命；子男之卿再命，大夫一命。○邢昺《正義》曰：言之與行，君子所最謹。出己加人，發邇見遠。出言不善，千里違之。其行不善，譴辱斯及。故首章一敘不毀而再敘立身，此章一舉法服而三復言行也。則知表身者以言行，不虧、不毀爲易，立身難備也。○朱申曰：卿大夫能備全服、言、行三者之善，然後可以長保祖宗之廟而爲祭主。若上文所云，乃是卿大夫之孝也。○董鼎曰：服非法之服，是僭也；道非法之言，是妄也；行非德之行，是僞也。三者有其一，則不免於罪，而宗廟有所不能守矣，故以是言之。○朱鴻曰：先王制服飾以辨等威，垂謨訓而示鑒戒，貽矩矱以作典型，皆法也。卿大夫服法服，道法言，行法行，遵法合道，而無一之可選擇；能言行滿天下，而無有失言，無少怨惡。備此三者，是能率祖攸行，而宗廟可保矣。○孫本曰：

始則致謹於容服言行之間，動遵法度，而終於守宗廟者，卿大夫之孝之始終也。○愚按：卿大夫以守宗廟爲孝，而所以守之者，乃在服言行三者。必三者備極其善，而後宗廟得守，又烏可率意任情，而不求合夫先王也哉？

《詩》云：「夙夜匪懈，以事一人。」一本無《詩》詞。

《詩·大雅·烝民》之篇。夙，早也。懈，惰也。匪，猶不也。○鄭氏曰：義取爲卿大夫能早夜不惰，敬事其君也。○愚按：此詩尹吉甫美周宣王之任賢使能而作，此則美仲山甫之忠以事上也。詩言一人，指天子也。鄭氏不言天子，而言君者，邢昺《正義》曰：欲通諸侯卿大夫也。○虞淳熙曰：仲山甫修其威儀，爲王喉舌，朝夕小心翼翼，式於古訓，不敢懈惰，以事君王。其明哲保身，不辱父母之理已具。又詩言「威儀喉舌」，與經言服、言、行相合；詩言「古訓是式」，與經言法先王相合；詩言「明哲保身」，與經言守宗廟相合。○范祖禹曰：卿大夫以循法度爲孝，服先王之服，道先王之言，行先王之行，然後可以爲卿大夫。不言非法也，故口無可擇之言；不行非道也，故身無可擇之行。欲言行無可擇者，正心而已矣。心正，則無不正之言，不善之行。言日出於口，皆正也；行日出於身，皆善也。雖滿天下，而無口過怨惡，則可謂孝矣。《易》曰：「言行，君子之所以動天地也。」然則言滿天下，亦不必多；行滿天下，亦不必著。一言一行，皆足以塞乎天下，其可不慎乎？

男 飛鵬 鳴謙 校對

孝經

趙起蛟集解

士章第五

邢昺《正義》曰：次卿大夫者，即士也。按《説文》曰：「數始於一，終於十。孔子曰：『惟一合十爲士。』」《毛詩傳》云：「士者，事也。」《白虎通》曰：「任事之稱也。傳曰：通古今、辯然不然，謂之士。」又曰：夫子述卿大夫行孝之事終，次明士之行孝也。《援神契》云「士行孝曰『究』」，以明審爲義，當須能明審資親事君之道，是能榮親也。《白虎通》云：「天子之士獨稱元士，蓋士賤，不得體君之尊，故加『元』以别於諸侯之士也。」此直言士，則諸侯之士。前言大夫，是戒天子之大夫，諸侯之大夫可知也。此章戒諸侯之士，則天子之士亦可知也。

資於事父以事母，而愛同；資於事父以事君，而敬同。故母取其愛，而君取其敬，兼之者父也。「資於」兩「於」字，一本作「于」。

資，取也。愛、敬義，已詳見前篇《天子章》。梁王曰：《天子章》陳愛敬，以辯化也；此章陳愛敬，以辯情也。○劉炫曰：夫親至，則敬不極，此情親而恭少；尊至，則愛不極，此心敬而恩殺也。故敬極於君，愛極於母。○鄭氏曰：愛父與母同，敬父與君同。○愚按：鄭氏所云，語氣似與經文反。蓋經首言事母之道，同其事父之愛；次言事君之道，同其事父之敬也。若曰愛父與母同，敬父與君同，則經宜言資於事母以事父而愛同，資於事君以事父而敬同矣。故據鄭氏註，既於「資」字義無取，即「同」字義亦勿醒露，而下文所謂「兼」字義，併勿能聯貫矣。考之《正義》，謂事母之愛、事君之敬，並同於父，始於經文有發明，而於鄭氏註意大有補云。或「愛」字、「敬」字爲句，方得。○劉炫曰：母親至而尊不至，豈則尊之不極也？君尊至而親不至，豈則親之不極也？惟父既親且尊，故曰兼也。○劉瓛曰：父情天屬，尊無所屈，故愛敬雙極也。○邢昺曰：母之於子，先取其愛；君之於臣，先取其敬，皆不奪其性也。若兼取愛敬者，其惟父乎！又曰：愛之與敬，俱出於心。

君以尊高而敬深，母以鞠育而愛厚。○朱申曰：取事父之道，推之以事其母，愛其母，如愛其父也；取事父之道，推之以事其君，敬其君，如敬其父也。事母取其能愛，事君取其能敬，事父則兼愛與敬也。○董鼎曰：取其父之道以事母，其愛母則同於愛父，雖未嘗不敬也，而以愛爲主，以父主義，母主恩故也。取事父之道以事君，其敬君則同於敬父，雖未嘗不愛也，而以敬爲主，以君臣之際，義勝恩故也。以此之故，事母取其愛，事君取其敬，合愛與敬而兼之者，惟父然也。○吴澄曰：愛心生於所親，敬心生於所尊。母之親與父同，君之尊與父同，故一取其愛，一取其敬。惟父親尊並至，則愛敬兼隆也。○愚意：諸説皆與經意吻合，而董氏愛未嘗不敬，敬未嘗不愛，尤説得顯明。或曰：得毋犯「兼」字義乎？予曰不然。兼之爲言，必愛與敬交相盡，而弗偏主於一也。

故以孝事君則忠，以敬事長則順。

按《正義》云：既説愛敬取捨之理，遂明出身入仕之行。「故」者，連上之辭也。士之位卑，在上有天子、諸侯爲之君，有卿大夫爲之長，皆己所當事者。○忠，謂盡心無隱。順，謂循理無違。○鄭氏曰：移事父孝以事於君，則爲忠矣；移事兄敬以事於長，則爲順矣。○舊説曰：入仕本欲安親，非貪榮貴也。若用安親之心，則爲忠也；若用貪榮之心，則非忠也。○嚴植之曰：上云君父敬同，則忠孝不得有異。○邢昺《正義》曰：不言悌而言敬者，《左傳》曰「兄愛弟敬」，又曰「弟順而敬」，則知悌之與敬，其義同焉。○愚按：孝弟爲庸行，而所以忠君者在此，所以順長者在此。非孝無忠，非敬無順，孝弟之體無不具，而用無不周。如是，人亦求所謂孝弟而已矣。彼離孝弟而言忠順者，不亦妄歟？

忠順不失，以事其上，然後能保其禄位，而守其祭祀，蓋士之孝也。

「禄位」，一本作「爵位」。「士之孝」下，一本無「也」字。

忠者，上文愛君之謂。順者，上文敬長之謂。上，謂君與長在己之上也。禄，謂廩食。位，謂爵位。《廣雅》曰：「位，涖也。」涖下爲位。《王制》云：「上農夫食九人。」謂諸侯之下士視上農夫，中士倍下士，上士倍中士。祭者，際也，人神相接，故曰際也。祀者，似也，謂祀者似將見先人也。《正義》曰：士亦有廟，經不言耳。大夫既言宗廟，士可知也；士言祭祀，則大夫之祭祀亦可知也，皆互以相明也。諸侯言「保其社稷」，大夫言「守其宗廟」，士則「保」「守」並言者，皇侃云：「稱『保』者，安鎮也；『守』者，無逸也。社稷、禄位是公，故言『保』；宗廟祭祀是私，故言『守』也。士初得禄位，故兩言之也。」○士有田禄，則得祭祀其先。故庶人薦而不祭，士無田，則亦不祭，其禄位與祭祀相關。士，謂王朝侯國之小臣，及卿大夫之家臣。王之家，上士三命，中士再命，下士一命。公、侯、伯之士一命，子、男之士不命。○鄭氏曰：能盡忠順以事君長，則常安禄位，永守祭祀。○邢昺《正義》曰：事上之道，在於忠順。二者皆能不失，則可事上矣。又曰：以忠順事上，然後乃能保其禄秩官位，而長守先祖之祭祀，蓋士之孝也。○董鼎曰：此章蓋言人必有本。父者，生之本也。愛與敬，父兼之，所以致隆於父，一本故也。致一而後能誠，知本而後能孝。故移孝以事君，則爲忠；移敬以事長，則爲順。能保爵禄而守祭祀，豈不宜哉？又曰：君言社稷，卿大夫言宗廟，士言祭祀，各以其所事爲重也。庶人薦而不祭，又非士之比矣。○潘之淇曰：五等皆兼全身、顯身二義。然天子以天下爲身，士以致身爲訓，故皆不言身也。○愚按：士雖分上士、中士、下士，天子、諸侯之别，然皆非爲秀、爲選、爲俊、爲造之時，而與庶士等者矣。《王制》「元士視附庸，下士視上農夫，中士倍下士」，則既有禄位之榮矣。《王制》「適士一廟」，《祭法》：「適士二廟、一壇：曰考廟，曰王考廟，享嘗乃止。皇考無廟，有禱焉，爲壇祭之。官師一廟：曰考廟。」官師，謂諸有司之長。東陽許氏曰：蓋中士、下士也，雖立一廟事禰，却於禰廟并祭祖，則又有祭祀之典矣。禄位之保不易，祭祀之守殊難，而忠順即能保之守之。忠順之原，由於愛敬，則愛敬可或忽乎哉？

《詩》曰：「夙興夜寐，無忝爾所生。」一本無《詩》詞，一本移冠下章。

《詩·小雅·小宛》之篇。忝，辱也。所生，謂父母也。下章云「父母生之」是也。○鄭氏曰：義取早起夜寐，無辱其親也。○邢昺《正義》曰：夫子述士行孝畢，乃引此詩以證之也。言士行孝當早起夜寐，無辱其父母也。○《繁露》曰：「戰兢」三詩，皆寓「不敢」之意。而頌天子，缺庶人，謂教兆民者，無取加儆；賴一人者，無待申戒耳。○愚按：此詩刺宣王而作。大夫遭時之亂，而兄弟相戒以免禍之詞。此言恐不及相救恤，當夙興夜寐，各求無辱於父母而已。引此爲證，蓋勉士須時以父母爲念，而不可稍違其愛敬，致禄位祭祀有喪失之耻，以貽辱父母也。○范祖禹曰：人莫不有本。父者，生之本也。事母之道，取於事父之愛心也；事君之道，取於事父之敬心也。其在母也，愛同於父，非不敬母也，愛勝敬也；其在君也，敬同於父，非不愛君也，敬勝愛也。愛與敬，父則兼之。是以致隆於父，一本故也。致一而後能誠，知本而後能孝。故移孝以事君，則爲忠；推敬以事長，則爲順。能保其爵禄，守其祭祀，則不辱。

男　飛鵬
　　鳴謙　校對

孝經

趙起蛟集解

庶人章第六

邢昺《正義》曰：庶者，衆也，謂天下衆人也。皇侃云：「不言衆民者，兼包府史之屬，通謂之庶人也。」嚴植之以爲士有員位，人無限極，故士以下皆爲庶人。又曰：夫子上述士之行孝已畢，次明庶人之行孝也。《援神契》云「庶人行孝曰『畜』」，以畜養爲義，言能躬耕力農，以畜其德而養其親也。

用天之道，分地之利。「用天之道」「用」字，「分地之利」「分」字，一本皆作「因」；上有「子曰」二字。

天之道，謂天道流行，爲春夏秋冬，四時之運也。地之利，謂土地生植，農桑之利也。

○鄭氏曰：春生夏長，秋斂冬藏，舉事順時，此用天道也；分别五土，視其高下，各盡所宜，此分地利也。○邢昺《正義》曰：《爾雅·釋天》云：「春爲發生，夏爲長毓，秋爲收斂，冬爲安寧。」「安寧」，即閉藏之義也。「舉事順時」，謂舉農畝之事，順四時之氣，春生則耕種，夏長則耘苗，秋收則穫割，冬藏則入廪也。又曰：按《周禮·大司徒》云：「五土，一曰山林，二曰川澤，三曰丘陵，四曰墳衍，五曰原隰。」謂庶人須能分别，視此五土之高下，隨所宜而播種之，則《職方氏》所謂青州「其穀宜稻粱」，雍州「其穀宜黍稷」之類是也。○吴澄曰：因天之生長收藏，而耕耘收穫各順其時，用天道也；因地之沃衍隰臯，而稻粱黍稷各隨所宜，分地利也。○董鼎曰：順天道而不辨地利，則物無以成；辨地利而不順天道，則物無以生。必天道、地利二者皆得，而後生植成遂。○虞淳熙曰：農工商賈，皆爲庶人。農順時耕穫，百工無悖於時，商賈日中爲市，是用天之道；農隨五土之宜，百工順川谷之制，商旅通九州之貨，是分地之利。○愚按：庶人以勤四體爲業，必上乘天時，下因地利，而後用力省而成功速。若上違夫寒燠之候，是天有顯教，而人自背之也；下失乎高下之宜，是地有美利，而人自棄之也，其不爲饑寒所困者幾希。

謹身節用，以養父母，此庶人之孝也。

謹身者，謹修其身不妄爲也。節用者，省節財用不妄費也。庶人，泛指衆人，學爲士而未受命，與農工商賈之屬皆是。一説，謂王畿國都家邑之民。〇鄭氏曰：身恭謹，則遠耻辱；用節省，則免饑寒。公賦既充，則私養不闕。庶人爲孝，惟此而已。〇范祖禹曰：因天之道，用其時也；因地之利，從其宜也。天有時，地有宜，而財用於是乎滋殖。聖人教民，因之以厚其生。謹身則遠罪，節用則不乏，故能以養父母，此孝之事也。〇董鼎曰：謹其身而不敢放縱，節其用而不敢奢侈。惟恐肆縱則犯禮，而自陷於刑戮；侈用則傷財，而不免於饑寒。常以此爲心，則所以養其父母者，不徒養口體有餘，而養志亦無不足矣。此則庶人之孝所當然也。又曰：庶人未受命爲士，既不得以事君，所事者惟父母而已，故以養父母爲孝。〇吴澄曰：生財有道，而又謹慎其身，不爲非僻，不犯刑戮，用財有節，量入爲出，以給父母之衣食，俾無闕供也。〇按：天子、諸侯、卿大夫、士皆言「蓋」，而庶人獨言「此」者，邢昺《正義》曰：謂天子至士，孝行廣大，其章畧述宏綱，所以言「蓋」也。庶人用天分地，謹身節用，其孝行已盡，故曰「此」，言唯此而已。諸篇末後，或引《書》，或引《詩》，以相證，而《庶人》一無所引者，《正義》曰：義盡於此，無贅詞也。〇愚嘗閲《真西山集》，内有《庶人章》經解，理明詞暢，切中庶人隱弊，謹録其全，附識於後，以便參考。其文曰：經云「用天之道，因地之利，謹身節用，以養父母，此庶人之孝也」，此至聖孔子所作，大聖言語，應不誤人。春宜深耕，夏宜數耘，禾稻成熟，宜早收斂，荳麥黍米，桑麻蔬菜，宜及時用功浚治，此便是用天之道。高田種早，低田種晚，燥處宜麥，濕處宜禾，田硬宜荳，山畬宜粟，隨地所宜，無不栽種，此便是因地之利。既能如此，又要謹身節用。念我此身父母所生，宜自愛恤，莫作罪過，莫犯刑責；得忍且忍，莫要鬬毆；得休且休，莫興詞訟；入孝出悌，上和下睦，此便是謹身。財物難得，當須愛恤；食足充口，不須貪味；衣足充身，不須奢華；莫喜飲酒，飲酒失事；莫喜賭博，賭博壞家；莫習魔教，莫信邪師；莫貪浪遊，莫看百戲。凡人皆妄費，便生出許多事端；既不妄費，即不妄求，自然安穩，無諸災難，此便是節用。謹身則不憂勞父母，節用則能供給父母，能是二者，即是爲孝，故曰「以養父母，此庶人之孝也」。父母雖亡，保守遺體，勤修祭祀，與孝養一同。此章凡二十二字，今鏤小板，頒爾父老，勸衆朝朝誦念，字字奉行。如此，則在鄉爲良民，在家爲孝子，明不犯王法，幽不遭天刑，比之遊惰荒廢，自取饑寒，放蕩不謹，自招危辱者，自去遠矣。○程楚石曰：以養爲孝，便是今之孝者。「謹身」二字，多少道理，便該「敬」字在内。○愚按：徒事口體之奉，本不足以爲孝。若能謹守其身，不敢非爲，節省其用，不敢靡費，而又朝夕甘旨，供奉勿缺，則父母既不心傷其子之狂悖，復不隱慮其子之困乏，豈不可以言孝乎？又「以」者，用也，文氣雖連下「養」字，文意實從上「謹身節用」四字來，故必謹身節用以養，而後可言孝。不謹身節用，而妄作妄費，父母對此有食不下咽者矣。雖日用三牲之養，終不得謂之孝也。

故自天子至於庶人，孝無終始，而患不及者，未之有也。一本「自天子」下有「以下」二字。「於」字，一本作「于」。

按此通結上文，而勉人以隨分自盡之意。○鄭氏曰：始自天子，終於庶人，尊卑雖殊，孝道同致，而患不能及者，未之有也。言無此理，故曰「未有」。○邢昺《正義》曰：夫子述天子、諸侯、卿大夫、士、庶人行孝畢，於此總結之，則其五等尊卑雖殊，至於奉親，其道不别。故從天子以下至於庶人，其孝道則無終始、貴賤之異也。或有自患己身不能及於孝，未之有也，自古及今，未有此理，蓋是勉人行孝之辭也。又曰：孔聖垂文，包於上下，盡力隨分，寧限高卑？則因心而行，無不及也。○范祖禹曰：庶人以養父母爲孝，自士已上，則莫不有位。士以守祭祀爲孝，卿大夫以守宗廟爲孝，諸侯以保社稷爲孝。至於愛敬之道，則自天子至於庶人一也。始於事親，終於立身者，孝之終始。自天子至於庶人，孝不能有終有始，而禍患不及者，未之有也。天子不能刑四海，諸侯不能保社稷，卿大夫不能守宗廟，士不能守祭祀，庶人不能養父母，未有災不及其身者也。○朱申曰：上自天子、諸侯、卿大夫、士，以下至庶人，貴賤雖殊，孝道則一，而謂有始無終，而以不及爲患者，天下必無此理。○一説，孝之終，謂立身；孝之始，謂事親。「孝無終始」，謂不能事親立身，則禍患鮮有不及之者，如天子不能保天下，諸侯不能保其國，卿大夫不能保其家，士庶不能保其身，理勢之必然也。○按：《蒼頡篇》釋患爲禍，《説文》釋患爲憂，《廣雅》釋患爲惡，註釋不同，當隨文義以定。愚意：「患不及」「患」字，究以憂爲解爲正。若以禍爲解，雖主《諸侯》《卿大夫》《士章》結文之語，愚恐聖言本旨，在各舉其職守之宜，勉以隨事自盡，而未嘗專言禍福惕人也。

男　飛鵬　鳴謙　校對

孝經

孝經

趙起蛟集解

三才章第七

邢昺《正義》曰：天、地謂之「二儀」，兼人謂之「三才」。曾子見夫子陳説五等之孝既畢，乃發嘆曰：「甚哉！孝之大也。」夫子因其嘆美，乃爲説天經、地義、人行之事，可教化於人，故以名章，次「五孝」之後。○愚按：前章備列五等之孝，自其分殊而言。此則直從分量廣大、源頭會歸處，明其理之一耳。又《刊誤》自此已下皆作傳文，此爲傳之三章，釋「以順天下」，删去「先王見教之可以化民」等六十九字。元吴草廬較定今文本則爲傳之四章，文仍《刊誤》本。

曾子曰：甚哉！孝之大也。

鄭氏曰：參聞行孝無限高卑，始知孝之爲大也。○司馬光曰：曾子始者，亦謂養親

爲孝耳。及聞孔子之言，立身治國之道皆本於孝，乃驚嘆其大。○孫本曰：曾子平日惟以保

身爲孝，而不知通於治天下，故有此贊嘆也。○愚按：此曾子聞言有得，而嘆美之辭。

子曰：夫孝，天之經也，地之義也，民之行也。一本無三「也」字。

夫，音扶。行，下孟反。○經，如布帛在機之直縷，條理一定者也。義，裁制得宜者也。

○鄭氏曰：經，常也。利物爲義。孝爲百行之首，人之常德，若三辰運天而有常，五土分地

而爲義也。○邢昺《正義》曰：夫子述上從天子下至庶人五等之孝後，總以結之。語勢將

畢，欲以更明孝道之大，無以發端，特假曾子嘆孝之大，更以彌大之義告之也。○朱申曰：

孝在天爲經常之理，在地爲利物之義，在民爲百行之首。○董鼎曰：天以陽生物，父道也；

地以順承天，母道也。天以生覆爲常，故曰經；地以承順爲宜，故曰義。人生天地之間，禀

天地之性，如子之肖像父母也。得天之性而爲慈愛，得地之性而爲恭順，慈愛恭順，即所以

爲孝。故孝者，天之經，地之義，而人之行也。○愚按：父母爲一家之父母，天地爲天下之父

母，能盡事親之道，即所以盡事天地之道。蓋孝之理，與生俱生，原降衷於維皇者也。故夫子前

言「夫孝，德之本，教之所由生」，不過即其用之係於一身者而言。此言「夫孝，天之經、地之義、

民之行」，從本體合一處示人，明人與天地無二者，無二理也，無二理者，無二孝也。

天地之經，而民是則之。

則，法也。○鄭氏曰：天有常明，地有常利。言人法則天地，亦以孝爲常行也。○邢昺《正義》曰：「天有常明」者，謂日月星辰明臨於下，紀於四時，人事則之，以「夙興夜寐，無忝爾所生」，故下文云「則天之明也」。「地有常利」者，謂山川原隰，動植物産，人事因之，以晨羞夕膳，色養無違，故下文云「因地之利」也。又曰：上云「天之經，地之義」，此云「天地之經」而不言「義」者，爲地有利物之義，亦是天常也。若分而言之則爲義，合而言之則爲常也。○愚按：人稟氣於天，賦形於地，而藐焉中處於其間，本與天地爲一者也。自夫動違其經，而天地與人始判然有二。今能一一則效，便復與天地爲一。蓋則到盡處，即是聖人踐形惟肖之功，而參天地、贊化育，亦不難矣。

則天之明，因地之利，以順天下，是以其教不肅而成，其政不嚴而治。

明,理之順著者,即所謂經也。因,遵依也。教者,化誨而使之效。政者,勸禁而使之正也。肅,言其聲容。嚴,言其法令。信從其教之謂成,服從其政之謂治。○鄭氏曰:法天明以爲常,因地利以行義,順此以施政教,則不待嚴肅而成理也。○邢昺《正義》曰:聖人司牧黔庶,故須則天之常明,因依地之義利,以順行於天下。是以其爲教也,不待肅戒而成也;其爲政也,不假威嚴而自理也。○董鼎曰:於衆人之中,有聖人者出,法天道之明,因地道之義,以此順天下愛親敬長之心而治之。是以其爲教也,不待戒肅而自成;其爲政也,不假威嚴而自治。無他,孝者天性之自然,人心所固有,是以政教之速化如此。○吴澄曰:上文言民以天地之理而爲行,此言聖人以天地之理而爲教也。○潘之淇曰:乾知大始,主知言,故曰明;坤作成物,以作言,故曰利。明有炯然常照意,利有隤然善下意。○愚按:民必以經爲則,而始成其爲人。而有不盡則者,聖人憂焉,爰立爲則天因地之教,蓋即以其人之道,還治其人之身,無一毫矯揉造作於其間,是以教不整肅而自成,政不嚴厲而自治。然則長民者,苟不則天明而因地利,雖日創其新奇之教以動天下,日出其煩苛之政以威天下,而能成與治者,吾見亦罕矣。

一本「則天」作「因天」。

先王見教之可以化民也，一本「見教」作「見孝」。

鄭氏曰：見因天地教化人之易也。○邢昺《正義》曰：言先王見因天地之常、不肅不嚴之政教，可以率先化下人也。○愚意：此承上起下之詞。按朱子《刊誤》，自此至《詩》皆删去，謂條目不完備，文勢不通貫，疑裂取他書之成文而强加裝綴，以爲孔、曾之問答也。司馬温公亦疑文氣與上不相連屬，改「教」爲「孝」。愚意不必改也。孔子大聖，「夏五」「郭公」，《春秋》尚闕其疑，况後人乎？使一代可改一字，傳之久遠，不幾盡失其舊乎？細推「教」字，根上「不肅而成」教字來，理亦無悖。○又按此句，當合下「是故」爲一節。

是故先之以博愛，而民莫遺其親；陳之以德義，而民興行；先之以敬讓，而民不争；導之以禮樂，而民和睦；示之以好惡，而民知禁。

行、惡，並去聲。○先之，以身先之也。博，廣也。愛者，仁之發也。○愚按：博愛，言由親親而仁民，仁民而愛物也。若昌黎以是謂仁説，似流於墨氏之兼愛矣。蓋愛必有差等,故特引《孟子》言釋之,而附辯《原道》之言於此。○遺,猶棄也。親,父母、諸父、昆弟之屬。○鄭氏曰:君愛其親,則人化之,無有遺其親者。○陳,開陳也。行盡其五常之謂德。義者,宜也。興,起也。行,即事爲之符於德義者是。○鄭氏曰:陳說德義之美,爲衆所慕,則人起心而行之。○敬,莊敬。讓,謙讓。争,貪競也。○鄭氏曰:君行敬讓,則人化而不争。○導,引也。節文斯二者之謂禮,樂斯二者之謂樂。二者,事親從兄也。和,不乖戾也。睦,謂相敬也。○鄭氏曰:禮以檢其跡,樂以正其心,則和睦矣。○司馬光曰:禮以和外,樂以和内。○示,與視同。好惡,賞罰也。善必賞之,使其慕而歸善也;惡必罰之,使其懼而不爲也。禁,令也。○鄭氏曰:示好以引之,示惡以止之,則人知有禁令,不敢犯也。○司馬光曰:君好善而能賞,惡惡而能誅,則下知禁矣。五者皆孝治之具。○邢昺《正義》曰:身行博愛之道,以率先之,則人漸其風教,無有遺其親者;陳說德義之美,以順教誨,則人起心而行之也。又以身行敬讓之道,以率先之,則人漸其德而不争競也。又導之以禮樂之教,正其心迹,則人被其教,自和睦也。又示之以好者必愛之,惡者必討之,則人見之,而知國有禁也。○愚按:此見上行下效,捷於影響,民無不可化之人,而上當自盡其敬之實也。又此疑專責其君,而邢氏主兼責其臣,歷引《詩》《書》君臣交儆之詞以爲證，言頗有關治道，故附採之。《正義》曰：此章再言「先之」，是吾身行率先於物也。「陳之」「導之」「示之」，是大臣助君爲政也。案《大戴禮》云：「昔者舜左禹而右皋陶，不下席而天下大治。夫政之不中，君之過也；政之既中，令之不行，職事者之罪也。」後引《周禮》稱「三公無官屬，與王同職，坐而論道」。又案《尚書·益稷》篇稱「帝曰：『吁！臣哉鄰哉！鄰哉臣哉！』」又曰：「臣作朕股肱耳目。」孔《傳》曰：「言君臣道近，相須而成。言大體若身。」君任股肱，臣載元首之義也。故《禮·緇衣》稱「上好是物，下必有甚者矣。故上之好惡，不可不慎也，是民之表也。《詩》云：『赫赫師尹，民具爾瞻。』《甫刑》曰：『一人有慶，兆民賴之。』」《緇衣》之引《詩》《書》，是明下從上之義。師尹，大臣也。一人，天子也。謂人君爲政，有身行之者，有大臣助行之者。人之從上，非唯從君，亦從論道之大臣，故并引以結之也。此章上言先王，下引師尹，則知君臣同體。「相須而成」者，謂此也。皇侃以爲無先王在上之詩，故斷章引太師之什，今不取也。

《詩》云：「赫赫師尹，民具爾瞻。」

《詩·小雅·節南山》之篇。赫赫，顯盛貌。師尹，周太師尹氏也。具，俱也。○鄭氏曰：義取大臣助君行化，人皆瞻之也。○愚按：此詩周家父刺幽王用尹氏以致亂而作，此則言其係天下之望之詞也。引此以證，見居高者不可徒恃其爵位之崇，而以民之視聽爲可忽也。○范祖禹曰：《易》曰：「大哉乾元，萬物資始。」資始，則父道也。又曰：「至哉坤元，萬物資生。」資生，則母道也。天施之，萬物莫不本於天，故孝者，天之經；地生之，萬物莫不親於地，故孝者，地之義。天地之道，順而已矣。經者，順之常也。義者，順之宜也。不順，則物不生。天地順萬物，故萬物順天地。民生於天地之間，爲萬物之靈，故能則天地之經以爲行。在天地則爲順，在人則爲孝，其本一也。則天地以爲行者，民也；則天地以爲道者，王也。故上則因天之明，下則因地之義，教不肅而成，政不嚴而治，皆因人心也。「先之博愛」者，身先之也。博愛者，無所不愛，況其親族，其可遺之乎？上之所爲，不令而從之，故君能博愛，則民不遺其親矣。「陳之以德義」，德者，得也；義者，宜也。得於己，宜於人，必可見於天下，則民莫不興行矣。「先之以敬讓」，爲上者不可不敬，爲國者不可不讓。「先之以敬讓」，所以教民不争也。禮者，非玉帛之謂也；樂者，非鐘鼓之謂也。禮所以修外，主於節；樂所以修内，主於和。天敘有典，天秩有禮，五典五禮，所以奉天也。有序則和樂，故樂由是生焉。有序而和，未有不親睦者也。「導之以禮樂」，則民和睦矣。上之所好，不必賞而勸；上之所惡，不必罰而懲。好善而惡惡，則民知所禁甚於刑賞，故人君爲天下，示其好惡所在而已矣。《詩》云「赫赫師尹，民具爾瞻」，言民之從於上也。

男 飛鵬 嗚謙 校對

孝經

孝經

趙起蛟集解

孝治章第八

邢昺《正義》曰：夫子述此明王以孝治天下也。前章明先王因天地、順人情以爲教，此章言明王由孝而治，故以明章，次《三才》之後也。〇愚按：此爲《刊誤》傳之四章，釋「民用和睦，上下無怨」。吴草廬較定今文本爲傳之二章，釋「以順天下，民用和睦，上下無怨」。又章内言「以孝治天下」而得和平之福應，豈非「以順天下，民用和睦」之實效哉？

子曰：昔者明王之以孝治天下也，不敢遺小國之臣，而況於公、侯、伯、子、男乎？故得萬國之懽心，以事其先王。

按邢昺《正義》曰：章首稱「子曰」者，爲事訖，更别起端首故也。昔者，謂先代，非當時代之名。明王，明哲之君。《左傳》「照臨四方曰明」，則聖王之通稱也。《正義》曰：還指首章之先王，以代言之，謂之先王；以聖明言之，則爲明王也。「以孝治天下」，謂天子能孝於先王，而推其愛敬於一家一國，以及天下之萬國也。遺，忽忘也，謂忽之而不加禮，忘之而不省録。小國之臣，土地褊小，不能五十里，附於諸侯曰附庸是也。一説謂子、男之卿大夫。先王建國，公侯地方皆百里，伯七十里，子、男五十里。舊解云：公者，正也，言正行其事。侯者，候也，言斥候而服事。伯者，長也，爲一國之長也。子者，字也，言字愛於小人也。男者，任也，言任王之職事也。萬國，極言其多。《正義》曰：猶言萬方，是舉多而言之，不必數滿於萬也。「事其先王」，天子無生親可事，故曰「先王」。經稱「先王」有六，曰「先王之至德要道」，曰「先王之法服」「先王之法言」「先王之德行」，曰「先王見教之可以化民」。邢昺曰：此皆指先代行孝之王。此章云「以事其先王」，則指行孝王之考祖也。○鄭氏曰：先代聖明之王，以至德要道化人，是爲孝理。○邢昺曰：此釋孝治之意也。○鄭氏曰：小國之臣，至卑者耳。王尚接之以禮，況於五等諸侯？是廣敬也。○按五等，公爲上等，侯、伯爲次等，子、男爲下等。○董鼎曰：推其愛敬之心，至於附庸小國之臣，尚不敢有所遺忘。小國之臣，且不敢遺，而況於公、侯、伯、子、男大國之臣乎？○

鄭氏曰：行孝道以理天下，皆得歡心，則各以其職來助祭也。〇董鼎曰：以萬國之衆，而皆得其懽悦之心，則尊君親上，同然無間。人心和而王業固，社稷靈長而宗廟奠定。以此事奉其先王，則孝道至矣。後世之君不皆然者，不明不誠故也。明足以有見，而知事理之必然；誠足以有行，而不忘於微賤，則萬國歸心，先王世享矣。夫子所以首稱「明王」，而斷言其「不敢」，蓋不敢之心，則祇懼之誠也。即經言「天子之孝，不敢慢惡於人」是也。〇朱申曰：古者明德之王，其以孝道治天下也，雖小國之臣，猶不敢遺棄之，何況公、侯、伯、子、男，乃五等之諸侯，而敢遺棄之乎？所以能得萬國諸侯懽悦之心，諸侯各以其職來助祭於先王也。〇愚按：此申明天子愛敬之推於下者而言。不敢遺，即不敢惡慢之意。公、侯、伯、子、男，與小國之臣，皆人之屬，以言天子，故特舉君長而言，不及細民也。事其先王，而得萬國之懽心，可以見上之施愛於下者及身而止，下之致愛敬於上者兼隆乎祖考。治天下誠貴夫孝，而孝誠在乎愛敬也。

治國者不敢侮於鰥寡，而況於士民乎？故得百姓之懽心，以事其先君。

治國，以孝治其國。鄭氏曰：謂諸侯也。邢昺曰：上言明王理天下，此言理國，故知諸侯之國也。侮，謂忽之而不矜恤。老而無妻曰鰥，老而無夫曰寡。此二者，則所謂天下窮民，與夫疲癃殘疾、顛連無告皆在矣。一命以上爲士，民則農、工、商賈也。諸侯有卿大夫，只言士民，亦舉小以見大耳。百姓，或謂百官族姓，或謂民之族姓，或謂以上文萬國列之，當是官族大夫之家，總不如邢氏言百舉其多一語爲當耳，皆是君之所統理，故以所統言之。先君，始受命爲國君者也。諸侯亦無生親可事，故以事其先君爲孝。○鄭氏曰：鰥寡，國之微者，君尚不敢輕侮，况知禮義之士乎？諸侯能行孝理，得所統之懽心，則皆恭事助其祭享也。○祭享，邢昺曰：謂四時及禘祫也。於此祭享之時，所统之人則皆恭其職事，獻其所有以助於君。○朱申曰：古者諸侯以孝道治一國，雖鰥寡猶不敢侮慢之，何况其國之士與民，而敢侮慢之乎？所以能得一國百姓懽悦之心，百姓皆恭事以助祭於先君也。○董鼎曰：自天子以孝治天下，而諸侯亦以孝治其國。推其愛敬之心以及於國人，至於鰥寡之微，亦不敢侮慢之，而况於士民乎？以此之故，所以得百姓之懽心。百姓之心，無不懽悦，則能和其民人，保其社稷矣。以此而事奉其先君，豈非孝道之大者乎？此與前言諸侯之孝相發明，不敢侮鰥寡，即不驕不奢之極；得百姓之懽心，即長守富貴之本也。○愚按：此申明諸侯愛敬之推於一國者而言。蓋鰥寡士民，皆天子所寄托，而先君所保護者。一念及此，則愛敬之勿暇，而敢侮乎？觀於不侮百姓，咸發其愛敬之懽心，以及先君，誰謂鰥寡士民可侮哉？

治家者不敢失於臣妾，而況於妻子乎？故得人之懽心，以事其親。

「況於」「侮於」「失於」，三「於」字，一本作「于」。「懽」，一本作「歡」。「不敢失」，一本作「不敢侮」。

治家，以孝治其家，謂卿大夫也，而士庶人亦并舉矣。失，謂不得其心。臣妾，家之賤者。妻子，家之貴者。古者卿置側室，大夫有貳宗，士有隸子弟，庶人工商各有分親，皆所謂臣妾也。人，通妻子臣妾而言。其親，邢昺曰：天子、諸侯繼父而立，故言先王、先君也。大夫唯賢是授，居位之時，或有俸禄以逮於親，故言其親也。○鄭氏曰：卿大夫位以材進，受禄養親，若能孝理其家，則得小大之懽心，助其奉養。○邢昺曰：《禮記·内則》稱子事父母，婦事舅姑，日以「雞初鳴，咸盥漱，以適父母、舅姑之所。問衣燠寒，饘、酏、酒、醴、芼、羹，菽、麥、蕡、稻、黍、粱、秫唯所欲，棗、栗、飴、蜜以甘之，父母、舅姑必嘗之而後退」，所謂助其奉養也。○朱申曰：古者卿大夫以孝道治其家，雖家臣女僕之賤，猶不敢侮慢之，何況其家之妻與子，而敢侮慢之乎？所以能得其家人懽悦之心，家人皆相助奉養其親也。○董鼎曰：臣妾賤而疏，妻子貴而親，人之情常厚於親貴，而薄於疏賤。而昔之爲卿大夫，以孝治其家者，惟其愛敬之心，下及於臣妾，曾不敢以少有失於臣妾之心，彼疏賤者尚如此，而況於妻子之親貴乎？則不失其心可知矣。是以無貴無賤，無親無疏，皆得其人之懽心，而有以事其父母矣。○愚意：此申明卿大夫愛敬之推於一家者而言。蓋臣妾妻子，皆當愛敬於我者，然我先無以盡其愛敬之實，是失於臣妾妻子矣。而責臣妾妻子之相助爲理，以愛敬吾親，得乎？故治家者，能盡其愛敬，以及於臣妾妻子，則臣妾妻子亦莫不各殫其愛敬，以及於吾親也。又邢氏引《内則》奉養之文，竊恐奉養亦多端，此特其一節耳。然子婦之能盡此者，蓋亦鮮矣。○按：明王言不敢遺小國之臣，諸侯言不敢侮於鰥寡，大夫言不敢失於臣妾者，劉炫云：「小國之臣位卑，或簡其禮，故云『不敢遺』也；鰥寡，人中賤弱，或被人輕侮欺陵，故曰『不敢侮』也；臣妾營事産業，宜須得其心力，故云『不敢失』也。」明王「況公、侯、伯、子、男」，諸侯「況士民」，卿大夫「況妻子」者，以王者尊貴，故況列國之貴者；諸侯差卑，故況國中之卑者，以五等皆貴，故況其卑也；大夫或事父母，故況家人之貴者也。

夫然，故生則親安之，祭則鬼享之。是以天下和平，災害不生，禍亂不作，故明王之以孝治天下也如此。一本「如此」上無「也」字。

此總結治天下國家三節。夫然，猶言惟其如此也。故，猶言是以如此也。生，謂父母存時。祭，謂没世奉祀。安者，其心無憂。享者，其魂來格。一説親安，指事親者而言；鬼享，指事先君先王者而言。人死曰鬼，氣屈而歸也。○鄭氏曰：夫然者，上孝理皆得懽心，則存安其榮，没享其祭。○舉「天下」，則國家在其中。和平，謂各得懽心，而無有乖戾偏跛也。天災之甚者爲害，人禍之甚者爲亂，如饑饉疾疫，兵戈盜賊之類。○鄭氏曰：上敬下懽，存安没享，人用和睦，以致太平，則災害禍亂，無因而起。○邢昺《正義》曰：皇侃云：「天反時爲災，謂風雨不節；地反物爲妖，妖即害物，謂水旱傷禾稼也。善則逢殃爲禍，臣下反逆爲亂也。」○吴澄曰：由鬼享而上達，則天道順而無災害；由親安而下達，則人道順而無禍亂，此以孝治天下之極功也。○鄭氏曰：明王以孝爲理，則諸侯以下化而行之，故致如此福應。○《正義》曰：福，謂天下和平。應，謂災害不生，禍亂不作。又邢氏曰：上文有明王、諸侯、大夫三等，而經獨言明王孝治如此者，言由明王之故也。則諸侯以下，奉而行之，而功歸於明王也。○朱申曰：天子、諸侯、卿大夫皆得懽心，則父母生，而安其榮養；父母死而爲鬼，則享其祭祀。所以天下人心和睦，以致太平，和則災害無由而生，平則禍亂無由而作。明王以孝道治天下，其效有如此。○董鼎曰：天子、諸侯、卿大夫，皆以孝治天下國家，而得人之懽心以事其親如此。故其生而存，則親安之；没而祭，則鬼享之，由其心意之素安，所以魂氣之易感也。是以普天之下，既和且平。和則無乖戾之氣，故災害不生；平則無悖逆之事，故禍亂不作。災害，如水旱疾疫生於天者也。禍亂，如賊君弑父作於人者也。孝者，天之經，地之義，而人之行也。人人盡孝，則心和氣和，而天地之和應矣。夫子遂總結之曰：故明王之以孝治天下如此。蓋由天子身率於上，諸侯以下化而行之，所以至此，皆明王之力也。又引《抑》詩以明之。○愚按：天子統諸侯、卿大夫、士、庶，而天下該國與家。故篇首以「明王孝治天下」起，末以「明王孝治天下」結也。夫孝之理，同出於一原，而愛敬之施，則各有所當然之分。天子不能下兼夫諸侯、卿大夫、士、庶，即諸侯、卿大夫、士、庶亦不能上于夫天子也。所以明王下，仍分諸侯之孝治、卿大夫之孝治，而士庶之孝治，已包舉卿大夫內。不言士庶者，同屬有家故也。「夫然」節，發明孝治之驗，天子、諸侯、卿大夫通言者，見人子奉事父母之禮雖殊，而父母致望人子之心則一，故不復清還也。天下有天下之災害禍亂，國家有國家之災害禍亂，而能各盡其愛敬以成夫孝治，則不生不作。天下國家，一而已矣。

《詩》云：「有覺德行，四國順之。」

行，下孟反。○《詩·大雅·抑》之篇。覺，大也。大德行，即謂至德要道。四國順之，謂東、西、南、北四方之國，皆興於孝而爲順也。○鄭氏曰：義取天子有大德行，則四方之國，順而行之。○董鼎曰：以明明王以孝治天下，故諸侯、卿大夫皆以孝治其國家也。○愚按：此詩衛武公刺厲王，亦以自警而作。言能全其德行，而覺然直大，則人心無不率從，而四國其順之矣。引此以明孝治感人之速如此。○范祖禹曰：天子不敢遺小國之臣，則待公、侯、伯、子、男以禮可知矣。上以禮待下，下以禮事上，而愛敬生焉。愛敬所以得天下之懽心也，以萬國懽心而事先王，此天子孝之大者也。治國者不敢侮鰥寡，則無一夫不獲其所矣。以百姓懽心而事先君，此諸侯孝之大者也。伊尹曰：「匹夫匹婦，不獲自盡，民主罔與成厥功。」天子之於天下，諸侯之於一國，有一夫不獲其所，一物不得其養，則於事先王先君有不至者。治家者，遇臣妾以道，待妻子以禮，然後可以得人之懽心，而不辱其親矣。自天子至於卿大夫，事親以懽心爲大。天子必得天下之心，諸侯必得一國之心，卿大夫必得人之心，乃可以爲孝矣。夫知幽莫如顯，知死莫如生，能事親則能事神，故生則親安之，祭則鬼享之，其理然也。災害，天之所爲也。禍亂，人之所爲也。夫孝致之而塞乎天地，溥之而横乎四海，推一人之心而至於陰陽和，風雨時，故災害不生；禮樂興，刑罰措，故禍亂不作。《詩》云「有覺德行，四國順之」，以天下之大，而莫不順於一人，惟能孝也。

男　飛鵬　鳴謙　校對

孝經

孝經

趙起蛟集解

聖治章第九

邢昺《正義》曰：此言曾子聞明王孝治以致和平，因問聖人之德更有大於孝否？夫子因問而説聖人之治，故以名章，次《孝治》之後。○愚按：《刊誤》此章亦删去九十餘字，離爲二章，自「曾子曰敢問聖人之德」起，至「所因者本也」，爲釋「孝，德之本」章；「父子之道」上添「子曰」字，至「謂之悖禮」，爲釋「教之所由生」章。「以順則逆」下，悉在所删。有謂「不愛其親」語意，正與上文相續；古文析之别爲一章，非是，當以今文爲正。又謂「悖禮」以上皆格言，「以順則逆」下則雜取《左傳》所載季文子、北宫文子之言，與此上文不相應，故删去。又上章言明王之治不外於孝，此章言聖人之德亦無加於孝，而極之祖父可配天地，正申明首章「夫孝，德之本」意。

曾子曰：敢問聖人之德，無以加於孝乎？一本「無以」上多「其」字。「於」，一本作「于」。

鄭氏曰：參問明王孝理以致和平，又問聖人德教，更有大於孝不？○邢昺《正義》曰：夫子前説孝治天下，能致災害不生、禍亂不作，是言德行之大也。將言聖德之廣不過於孝，無以發端，故又假曾子之問而釋之。○董鼎曰：曾子既聞明王以孝治，其極至之效如此，於是又推廣而言，敢問夫子聖人之所以爲治者，固皆本於孝矣，不知聖人之所以爲德者，果無以加於孝乎？抑亦有在於孝之上，可以致理成化，過於此者乎？○愚意：曾子以聖人道全德備，或不止此，故疑其有加，非以聖人爲可外乎此而問也。

子曰：天地之性，人爲貴。人之行，莫大於孝。「於」，一本作「于」。

行，下孟反。○按：性者，人物所得以生之理也。性命於天，而兼言地者，萬物資乾健以始，資坤順以生，地有成物之義，故兼言地也。貴者，殊異可重之名。鄭氏曰：貴其異於萬物也。「莫大」云者，鄭氏曰：孝者，德之本也。○董鼎曰：天以陽生萬物，地以陰成萬物。天地之生成萬物者，雖以陰陽之氣，然氣以成形，而理亦賦焉。故夫子言人所稟受於天地之性，則比萬物爲最貴，以能與天地參爲三才也。以天地之性言之，則人爲貴；以人之行言之，則孝爲大。何也？人稟天地之性，不過仁、義、禮、智、信五者而已。專言仁，又爲人心之全德，禮、義、智、信，皆包括於其中。仁主於愛，愛莫先於愛親，故仁之發見，如水之流行，親親爲第一坎，仁民爲第二坎，愛物爲第三坎，此人所行之行莫大於孝。人惟不知孝之大也，是以失於自小；惟不知人之貴也，所以失於自賤。自賤則雖有人之形，無以遠於禽獸矣；自小則雖有聖賢之資，無以拔於凡庶矣。此夫子答曾子之問，必先之曰「天地之性，人爲貴。人之行，莫大於孝」，所以使人知所自貴，而先務其大者。董仲舒謂必知自貴於物，而後可與爲善，亦夫子之意也。○吴澄曰：人、物均得天地之氣以爲質，均得天地之理以爲性。然物得氣之偏，而其質塞，是以不能全其性；人得氣之正，而其質通，是以能全其性，而與天地一。故得天地之性者，人獨爲貴，物莫能同也。性之仁、義、禮、智統於仁，仁之爲愛先於親，故人率性而行，其行莫大於孝也。○愚按：人爲萬物之靈，故貴；孝爲百行之原，故大。聖人亦人耳，豈能加毫末於是哉？

孝莫大於嚴父，嚴父莫大於配天，則周公其人也。兩「於」字，一本作「于」。

嚴，尊敬也。配，對也。周公，文王子，武王弟，成王叔父也，名旦，食采於周，位居三公，故稱周公。○鄭氏曰：萬物資始乎乾，人倫資父爲天，故孝行之大，莫過尊嚴其父也。○邢昺《正義》曰：人倫資父爲天者，《曲禮》曰：「父之讐，弗與共戴天。」鄭玄曰：「父者，子之天也。殺己之天，與共戴天，非孝子也。」杜預《左氏傳》曰：「婦人在室，則天父；出，則天夫。」是人倫資父爲天也。○鄭氏曰：謂父爲天，雖無貴賤，然以父配天之禮，始自周公，故曰「其人」也。○邢昺《正義》曰：以父配天，徧檢群經，更無殊説。按《禮記》，有虞氏尚德，不郊其祖，夏殷始尊祖於郊，無父配天之禮，周公首行之也。○董鼎曰：人子之孝於親者，無所不至，而莫大於尊敬其父；尊敬父者，亦無所不至，而莫大於配享上天。惟天爲大，尊無與對，而能以己之父與之配享，所以尊敬其父者，至矣，極矣，不可以復加矣。然仁人孝子愛親之心雖無窮，而立綱陳紀、制禮之節則有限。求其能盡孝之大，而嚴父以配天者，則惟周公其人也。《中庸》曰：「武王末受命，周公成文、武之德，追王太王、王季，上祀先公以天子之禮。」制爲嚴父配天之禮者，周公也，故夫子稱之。○愚意：此承上「莫大」之意，而節舉其一端也。蓋孝以嚴父爲大者，見孝之節文雖多，總莫出於敬也。

敬父以配天爲大者，見敬之條目不一，而總無加於配天也。配天之禮，後世踵行，而始制厥典，寔惟周公，故曰「則周公其人也」。夫周公，聖人也。以聖人之德，而攝天子之政，又有其位，故得制爲嚴父之禮，以盡其孝之心。使有其德而無其位，則周公亦止於其分之所當爲，雖知嚴父莫大於配天，而不敢越禮犯分以行矣。

昔者周公郊祀后稷以配天，宗祀文王於明堂以配上帝。是以四海之内各以其職來祭。夫聖人之德，又何以加於孝乎？一本「來」下多「助」字。兩「於」字，一本作「于」。

夫，音扶。○郊，祭天於南郊，故曰郊。鄭氏曰：謂圜丘祀天也。后稷，周始祖。按：后稷，名棄。其母有邰氏女曰姜嫄，爲帝嚳元妃。出野踐巨人跡，身動如孕，居期而生。蓋不由人道，以爲不祥，棄之隘巷，牛羊避不踐；徙棄之平林，會伐平林者收之；遷棄寒冰之上，飛鳥傴翼覆藉之。姜嫄以爲異，遂收歸長養，因名曰棄。兒時好種樹麻菽，及爲成人，好耕農。帝堯舉爲農師，帝舜命爲稷，使教民播種百穀。封於邰，爲諸侯，君其國,故曰后稷。自后稷至王季十五世,而生文王昌。宗祀,宗廟之祭也。按天子七廟,祖廟一,昭廟三,穆廟三。祖廟百世不毁,昭、穆六世後親盡則祧。其有功德當不祧者謂之宗。以親盡則祧論,文王於武王、成王時,居穆廟之三;康王、昭王時,居穆廟之二;穆王、共王時,居穆廟之一;至懿王時,文王親盡,在三廟之外矣。以其不當祧也,故於穆廟北别立一廟,以祀文王,是名爲宗,不在文廟之數。穆王以前,文王雖未别立廟,遞居三穆廟中,然即其所居之廟,亦名爲宗。蓋初附廟時,已定爲百世不祧之宗故也。明堂者,廟之前堂。凡廟之制,後爲室,室則幽暗;前爲堂,堂則顯明,故曰明堂。享人鬼,尚幽暗,則於室;祀天神,尚顯明,故於堂也。或曰,取南面向明之義。○愚意:明堂,王者所居以出政令之所。爲東嶽朝諸侯之明堂,齊宣王欲毁者是也。此爲畿内之明堂,即子月日至郊天之太壇也。故混以爲布治之堂者,非是。第其制不一,殆不可考。據《考工記》,周明堂五室,室二筵。《大戴禮》云:明堂凡九室,室四户八牖,上圓下方。朱子謂:古人制事多用井田遺制,則明堂當有九室,如井田制也。○邢昺曰:舊説:明堂在國之南,去王城七里,以近爲媟;南郊去王城五十里,以遠爲嚴。五帝卑於昊天,所以於郊祀昊天,於明堂祀上帝也。上帝,即天也。天以形體言,上帝以主宰言。一説,上帝,五方上帝也。

謂東方青帝靈威仰，南方赤帝赤熛怒，西方白帝白招拒，北方黑帝汁光紀，中央黄帝含樞紐。○鄭氏曰：周公攝政，因行郊天之祭，乃尊始祖以配之也。因祀五方上帝於明堂，乃尊文王以配之也。○邢昺《正義》曰：禮無二尊，既以后稷配郊天，不可又以文王配之。因享明堂，而以文王配之，是周公嚴父配天之義也，亦所以申文王有尊祖之禮也。○吴澄曰：冬至於國門外之南郊，築壇爲圜丘祀天，而以始祖后稷配。季秋於文王廟之前堂祀帝，而以文王配。后稷封於邰，周家有國之始；文王三分有二，周家有天下之始。故以后稷配天，文王配帝也。此禮一定，而周公祖父，世世得配天帝。此周公所以獨能遂其嚴父之心也。然亦因其功德，禮所宜然，非私意也。「四海之内」，謂四方諸侯。「其職」，謂土物之貢。○按：《周禮》「侯服貢祀物」，註云：犧牲之屬；「甸服貢嬪物」，註云：絲帛也；「男服貢器物」，註云：尊彝之屬；「采服貢服物」，註云：玄纁絺纊也；「衛服貢材物」，註云：八材也；「要服貢貨物」，註云：龜貝也。「來祭」，來助祭也。○鄭氏曰：君行嚴配之禮，則德教刑於四海。海内諸侯，各修其職，來助祭也。○「何以加」，言無以加也。鄭氏曰：言無大於孝者。《正義》曰：既明聖治之義，乃總其意而答之也。周公聖人，首爲尊父配天之禮，以極於孝敬之心，則夫聖人之德，又何以加於孝乎？○司馬光曰：武王克商，則后稷、文王，固有配天之尊矣。然居位日寡，禮樂未備，政教未洽，其於尊顯之道，猶若有闕。及周公攝政，制禮作樂，以致太平，四海之内，無不服從，各率其職，以來助祭。然後聖人之孝，於斯爲盛。○董鼎曰：夫子言：昔者周公之制禮也，郊祀祭天，則以后稷配，尊后稷猶天也；宗祀祭帝，則以文王配，尊文王猶帝也。周公之所以尊敬其祖父如此，是以德教刑於四海，四海之内爲諸侯者，各以其職分所當然，皆來助祭敬供郊廟之事。孝道之感人若是，則夫聖人之德，又有何者可以加於孝乎？夫子答曾子之問，意已盡矣。下文復申言聖人教人以孝之故。○愚意：上言周公其人，此故即以周公之嚴父配天申明之。夫萬物本乎天，人本乎祖。於郊祀天，於明堂宗祀上帝，本天之義也。郊祀配以后稷，宗祀配以文王，本祖之義也。幽既有以盡誠敬於天親，明自有以輸誠敬於四海，各以其職，駿奔走在廟，所必致也。使非聖治之所孚，而配天之允當，其何以臣人心服若是哉？洵乎聖人之德，無以加於孝也！

故親生之膝下，以養父母日嚴。聖人因嚴以教敬，因親以教愛。聖人之教，不肅而成，其政不嚴而治，其所因者本也。一本「養」字下有

「其」字。

養，羊尚反。○親，猶愛也。膝下，謂孩幼之時嬉戲於父母之膝下也。按《内則》云：子生三月，「妻以子見於父」，「父執子之右手，孩而名之」。按《説文》云：「孩，小兒笑也。」謂指其頤下，令之笑而爲之名。故知「膝下，謂孩幼之時」也。養，奉養也。嚴，尊嚴也。○鄭氏曰：言愛親之心，生於孩幼，比及年長，漸識義方，則日加尊嚴，能致敬於父母也。○邢昺《正義》曰：此更廣陳嚴父之由。言人倫正性，必在蒙幼之年，教之則明，不教則昧。○一説，親，父母也。言親生之，而在膝下，一體而分，戀慕相親，自有愛心。及孩幼漸長，奉養父母，日益尊嚴，自有敬心。○愚意：孩提之童，無不知愛其親，故親生於膝下。「家人有嚴君焉」，父母之謂也，故長以養父母日嚴。○聖人謂明王也。聖者，通也。稱明王者，言在位無不照也。稱聖人者，言用心無不通也。敬，禮敬也。愛，慈愛也。○鄭氏曰：聖人因其親嚴之心，敦以愛敬之教，故出以就傅，趨而過庭，以教敬也；抑搔癢痛，懸衾篋枕，以教愛也。○邢昺《正義》曰：父子之道，簡易則慈孝不接，狎則怠慢生焉。故聖人因其親嚴之心，敦以愛敬之教也。○按《禮・内則》：「子能食，教以右手。能言，男唯女俞，男鞶革，女鞶絲。」《集説》曰：食，飯也。以，用也。唯、俞，皆應辭。鞶，帶也。

革,皮也。絲,帛也。食用右手,取其强也。此男女之所同。男應速,女應緩,男用皮,女用帛,剛柔之義也。此男女之所異。「六年,教之數與方名。七年,男女不同席、不共食。八年,出入門户及即席飲食,必後長者,始教之讓。九年,教之數日。」《集註》曰:數,謂一、十、百、千、萬。方名,謂東、西、南、北。八年,入小學之時也。不同席而坐,不共器而食,教之有别也。出入門戶後長者,行之讓也;即席後長者,坐之讓也;飲食後長者,食之讓也。數日,知朔望與六甲也。此兼男女而言。「十年,出就外傅,居宿於外,學書計,衣不帛襦袴。禮帥初,朝夕學幼儀,請肄簡諒。」《集註》曰:書,字體。計,算法。襦,上衣。袴,下衣。肄,亦習也。簡,要也。諒,信也。自此至「尚左手」,皆言男子之事。十年曰幼學,故就外傅而學焉。日居夜宿,皆在於外,恐其離傅而間斷也。學六書與九數,以備用也。不以帛爲襦袴,而以布爲之,防奢靡也。所行禮節,皆循初時之所教,慮其妄有改爲也。朝夕所學,皆少事長之儀,欲其熟而安也。其業必請於傅,擇其簡要信實者而習之,防其騖與欺也。「十有三年,學樂,誦《詩》,舞《勺》。成童,舞《象》,學射〔一〕御。」《集註》

〔一〕「射」字原缺,據《禮記·内則》及下文補。

曰：樂，六樂。詩，樂章。勺，詩作「酌」，美武王之詩也。舞《勺》、舞《象》，歌《勺》《象》之詩以爲節，而舞也。射，五射。御，五御。學樂誦詩，所以養性情也。學舞，所以養血脉也。舞《勺》，學武也。舞《象》，學文也。文經之，武緯之，則志氣適於中和，而大人之全德可馴致矣。「二十而冠，始學禮，可以衣裘帛，舞《大夏》，惇行孝弟，博學不教，内而不出。」《集註》曰：冠，加冠也。禮，五禮也。裘，皮服。《大夏》，夏禹之樂，樂之文武兼備者也。惇，篤也。博，廣也。冠則成人矣，故可以學禮。冠而後服備，而衣裘帛。八年教遜讓，十年學幼儀，則已知孝弟之道矣，至此益加以篤行也。孝弟，百行之本，故先務惇行而後博學也。博學於文，而不教人，恐所學未精也。内畜其德，而不暴於外，切於爲己也。愚意：教敬教愛，雖不指此，然此亦教所不能外，故附載以便幼學參考焉。○董鼎曰：聖人恐其狎恩恃愛，而亦失於不敬，於是因嚴教敬，使愛而不至於褻；又因親教愛，使敬而不至於疏。○鄭氏曰：聖人順群心以行愛敬，制禮則以施政教，亦不待嚴肅而成理也。○邢昺《正義》曰：言亦不待嚴肅而成理也者，《三才章》已有成理之言，故云「亦」也。○董鼎曰：所以教之愛敬者，不過啓其良心，發其善性，而非有所待乎外也。故其教不待肅而自成，其政不待嚴而自治。○本，鄭氏曰：謂孝也。○一説，本爲天性。○范祖禹曰：天地之生萬物，惟人爲貴。人有天地之貌，懷五常之性。故人之行，莫大於孝。聖人者，人倫之先也。惟孝爲大，嚴父，孝之大者也。天子有配天之理，配天，嚴父之大者也。自周公始行之，故郊祀后稷以配天，宗祀文王以配上帝，四海之内，皆來助祭也。所謂得萬國之懽心，事先王者也。聖人德至已如此，惟生於心也。孩提之童，無不知愛其親者，故循其本而言之。親愛之心，生於膝下，此其生知之良心。親既長矣，則知養父母而日加敬矣。此亦其自然之良心也。聖人非能强人以爲善，順其性，使明於善而已矣。愛敬之心，人皆有之，故因其有嚴而教之敬，因其有親而教之愛，此所以教不肅而成，政不嚴而治。其治同者，因於人之天性故也。○愚按：此見愛敬生於人心之自然。聖人因其自然之情，而教之以當然之則，故施教者無煩多術，而受教者亦無所矯勉也。教之不整肅而自成，政之不嚴威而自治者，無他，其所因者本故也。

父子之道，天性也，君臣之義也。一本「父子」上有「子曰」二字，「天性」下、「義」下俱無「也」字。

鄭氏曰：父子之道，天性之常，加以尊嚴，又有君臣之義。○邢昺《正義》曰：此言父子恩親之情，是天生自然之道。父以尊嚴臨子，子以親愛事父，尊卑既陳，貴賤斯位，則子之事父，如臣之事君。○董鼎曰：父子之道天性，謂親也；君臣之義，謂嚴也。○愚意：惟親，故用愛也摯；惟嚴，故用敬也誠。

父母生之，續莫大焉。

續，連也。言子繼於父母，相連不絶也。或作「續」。○鄭氏曰：父母生子，傳體相續，人倫之道，莫大於斯。○邢昺《正義》曰：《易》稱「乾元資始」「坤元資生」，又《論語》曰「子生三年，然後免於父母之懷」，是父母生己，傳體相續，此爲大焉。○吴澄曰：人子之身，氣始於父，形成於母，其續是爲至親，無有大於此者。○愚意：人之有身，乃父精母血而成，一體相連續，水源木本，萬幹千流皆由此出，毫忽難假也。乃背棄其本生之父母，而流入異端，別尋支派，狂悖莫甚。又無後者，不立本宗傳代，强以異姓鍾愛者繼嗣，爭田奪産，訐訟公庭，徇一己之私意，亂承祧之大典，豈不惑歟？

君親臨之，厚莫重焉。

鄭氏曰：謂父爲君，以臨於己，恩義之厚，莫重於斯。○邢昺《正義》曰：言有父之尊，同君之敬，恩義之厚，此最爲重也。○司馬光曰：有君之尊，有親之親，恩義之厚，莫此爲重。○范祖禹曰：父慈子孝者，於天性，非人爲之也。父尊子卑，則君臣之義立矣。故有父子，然後有君臣。《中庸》曰：「父母其順矣乎！」父之愛子，子之孝父，皆順其性而已矣。君臣之義，生於父子。人非父不生，非君不治，故有父斯有子，有君斯有臣，天地定位，而父子君臣立矣。父母生之，續其世莫大焉。有君之尊，有親之親，以臨於己，義之存，莫重焉。能知此，則愛敬隆矣。○吴澄曰：既爲我之親，又爲我之君，而臨乎上，其分隆厚，是爲至尊，無有重於此者。○愚意：人或受人些小惠愛，輒感激不置，必思報効，獨於父母厚恩，漠然若忘，抑何謬也。聖人故不憚言之煩，而曰「莫大」，又曰「莫重」，連類以及，其殷殷垂訓之心，良厚矣。

故不愛其親，而愛他人者，謂之悖德。不敬其親，而敬他人者，謂之悖禮。一本「不愛其親」上多「子曰」二字。

悖，薄對反。○悖，逆也。○鄭氏曰：言盡愛敬之道，然後施教於人。違此，則於德禮爲悖也。○邢昺《正義》曰：此説愛敬之失，悖於德禮之事也。○董鼎曰：由愛敬其親，而推以愛敬他人，則爲順；不愛敬其親，而先以愛敬他人，則爲逆矣。○吴澄曰：由本及末爲順，舍本趨末爲逆。○愚按：愛親者，不敢惡於人；敬親者，不敢慢於人。人固當愛敬，然施由親始。反是，則德禮皆悖。吾見愛人敬人者，有矣，未見有愛親敬親者也。聖人兩以悖逆警之，正以示人愛敬之序也。又按邢氏曰：「不愛、敬其親」者，是君上不能身行愛敬也。而「愛他人」「敬他人」者，是教天下行愛敬也。君自不行愛敬，而使天下人行，是謂「悖德」「悖禮」也。雖與鄭註意同，然專責於其君，立論不無偏僻。此節本旨，則上自天子，下逮庶人，皆統攝於内，不若董氏、吴氏二家之説爲明且正也。下節係屬君上便是。

以順則逆，民無則焉。

鄭氏曰：行敬以順人心，今自逆之，則下無所法則也。○愚按：此言人君教愛、教敬，必先自盡其愛、敬於親，而後民得以觀感取法焉。此順道也。不然，則逆而施之矣，民又何所取法乎？○「以順則逆」下，《刊誤》本、吴本皆删去，朱申《定本》不删。

不在於善，而皆在於凶德，雖得之，君子不貴也。一本「不貴」上多「所」字，下無「也」字。

鄭氏曰：善，謂身行愛敬也。凶，謂悖其德禮也。言悖其德禮，雖得志於人上，君子之不貴也。○邢氏曰：「在」，謂心之所在也。「凶」，謂凶害於德也。如此之君，雖得志於人上，則古先哲王聖人君子之所不貴也。○得，一説，謂得悖德悖禮。愚意：上「凶德」，即所謂悖德悖禮。下以「雖得之」接，正含多少婉諷意在内。若指悖德悖禮言，立説定應剴切，觀下「君子則不然」可見。又此蓋言人君苟不在於愛敬之順，而悉出於逆，縱居人上，稱曰得志，君子視之，直幸免危亡者耳，方賤惡之，豈以爲貴乎？

君子則不然。

鄭氏曰：不悖德禮也。○愚按：君子所以不貴乎彼者，誠以撫御臣民，自有所謂身先之本。悖德悖禮，則非臨下之道，故不出此也。

言思可道，行思可樂。一本「思」作「斯」。

樂，音洛。○鄭氏曰：思可道而後言，人必信也。思可樂而後行，人必悦也。○邢昺《正義》曰：言者，心之聲也。思者，心之慮也。可者，事之合也。道，謂陳説也。行，謂施行也。樂，謂使人悦服也。○愚按：言行爲立身之大節，必可道而後言，不然，則不輕言；必可樂而後行，不然，則不遽行。謹凜乎先，慎持於後，言斯可道，行斯可樂矣。

德義可尊，作事可法。

德者，得於理也。義者，宜於事也。作，謂造立也。事，謂施爲也。○鄭氏曰：立德行義，不違道正，故可尊也。制作事業，動得物宜，故可法也。○愚按：君子一言一行，皆無所苟，自然成其德義，合於事宜矣。豈不可尊可法哉？

容止可觀，進退可度。

鄭氏曰：容止，威儀也。必合規矩則可觀也。進退，動静也。不越禮法則可度也。○愚按：動容周旋，無不中禮。雖聖人性德之事，然可觀可度，自有漸進自然之勢。二者亦從慎言行得來，而慎言行終不外於愛敬，愛敬終必由己親始也。

以臨其民，是以其民畏而愛之，則而象之。

鄭氏曰：君行六事，臨撫其人，則下畏其威，愛其德，皆放於君也。○愚按：君子有此「可道」六事，本諸身，則徵諸庶民，罔不信從矣，其有自用自專者乎？「畏愛則象」，正應上「民無則」句。

故能成其德教，而行其政令。一本「行其政令」無「其」字。

鄭氏曰：上正身以率下，下順上而法之，則德教成、政令行也。○愚按：此總結上文德教政令，皆指愛敬言。惟君子順而不逆，故能成其行也。

《詩》云：「淑人君子，其儀不忒。」

《詩·曹風·鳲鳩》之篇。淑，善也。忒，差也。○鄭氏曰：義取君子威儀不差，爲人法則。○邢昺《正義》曰：夫子述君子之德既畢，乃引《詩》以贊美之。○范祖禹曰：君子愛親而後愛人，推愛親之心以及人也，夫是之謂順德。敬親而後敬人，推敬親之心以及人也，夫是之謂順禮。若夫有愛心而不知愛親，乃以愛人，是心也，無自而生焉。有敬心而不知敬親，乃以敬人，是心也，亦無自而生焉。無自而生者，無本也，故謂之悖。自内而出者，順也；自外而入者，逆也。不施之親，而施之他人，是不知己之所由生也。以爲順則逆，不可以爲法，故民無則焉。失其本心，則日入於惡，故不在於善，皆在於凶德。雖得志於人上，君子不貴也。君子存其心，修其身，爲順而不悖。言斯可道，皆法言也；行斯可樂，皆善行也。德義可尊，作事可法，所以表儀於民。容止可觀，進退可度，德充於内，故禮發於外，美之至也。以此臨民，則民畏其敬，而愛其仁，則其儀，而象其行。故以德教先民，而無不成；以政令率民，而無不行。《詩》云：「淑人君子，其儀不忒。」言其德之見於外也。愚按：此詩刺用心之不壹而作。此則言君子之有常度，而其心一，故儀不忒也。引以明聖德之見於威儀者可觀可法，足以化人如此。

男　飛鵬　鳴謙　校對

孝經

孝經

趙起蛟集解

紀孝行章第十

邢昺《正義》曰：此章紀録孝子事親之行也。前章孝治天下，所施政教，不待嚴肅自然成理，故君子皆由事親之心，所以孝行有可紀也，故以名章，次「聖人」之後。或於「孝行」之下，又加「犯法」兩字，今不取也。○愚按：《刊誤》此章釋「始於事親」，及「不敢毀傷」，爲傳之七章。吴草廬較定今文本合《五刑章》，凡百二十八字，釋「始於事親」，爲傳之八章。又章首言「孝始於事親」，次章列「愛敬」條目，皆未明言，故於此特發明之。

子曰：孝子之事親也，居則致其敬，養則致其樂，病則致其憂，喪則致其哀，祭則致其嚴。五者備矣，然後能事親。一本「孝子之事親」下無「也」字。

養,羊尚反,下同。樂,音洛。喪,平聲。○居,謂平居暇日無事之時。致者,推之而至其極也。敬者,常存恭敬不敢慢易也。鄭氏所謂「平居必盡其敬」是也。一説「恭己之身,不近危辱」,亦通。○養,謂飲食供奉也。樂者,歡樂悦親之志也。鄭氏所謂「就養能致其歡」是也。○病者,謂父母有疾,疾甚而病也。憂,憂慮不寧處也。鄭氏所謂「色不滿容,行不正履」是也。○喪,謂不幸親死,服其喪也。哀,哀慼追念痛切也。鄭氏所謂「擗踊哭泣,盡其哀情」是也。○祭,謂親没而祭祀之。嚴,謂精潔肅敬,謹畏將事也。鄭氏所謂「齋戒沐浴,明發不寐」是也。一説嚴,猶慕也。○邢昺《正義》曰:爲人子能事其親而稱孝者,謂平常居處家之時也,當須盡於恭敬;若進飲食之時,怡顔悦色,致親之孝;若親之有疾,則冠者不櫛,怒不至詈,盡其憂謹之心;若親喪亡,則攀號毁瘠,終其哀情也;若卒哀之後,當盡祥練,及春秋祭祀,又當盡其嚴肅。此五者無限貴賤,有盡能備者,是其能事親。○董鼎曰:此教之以善也。人有一身,心爲之主;士有百行,孝爲之大。爲人子者,誠以愛親爲心,而不忘事親之孝,平居無事,常有以致其敬,則敬存而心存;一敬既立,遇養則樂,遇病則憂,遇喪則哀,遇祭則嚴。五者有一不備,不可爲能,然皆以敬爲本。○愚按:《本義》事親者,必敬、樂、憂、哀、嚴五者兼備,方可言能,正見兼備之難。然條目雖分,而意義實一。董氏本敬之説，乃發明所以兼備之故，非謂樂、憂、哀、嚴可不必也。蓋人惟不敬，故平居多玩忽，而奉養則徒供口體，疾病則委命醫巫，臨喪惟事繁文，祭祀務了故事。不樂不憂，不哀不嚴，皆由於不敬，則敬洵爲樂、憂、哀、嚴之本也。又父母在堂，不思致敬盡禮，而雕木爲佛，塑泥爲神，朝夕焚香拜跪，謂敬之有大功，得冥福。夫天地間有何神佛？父母即是神佛，舍父母而别求神佛，妄已！惑已！如神佛有靈，亦必不以不孝者之尊崇而錫以多福，以孝者之疏遠而加以殃咎。又何爲不返其敬神佛之心，以敬其父母哉？此孝子所以居則致敬以事親也。辛肥烹鮮，讌會賓客，求盡其歡，無所不至；而父母饔飧，隨行逐隊，置若等閒；甚或兄委諸弟，弟推諸兄，計日輪派，準錢供給，父母當此，有不神傷者乎？故必艱難不使親知，儲餘以待親與，竭力以事，委曲承歡，斯之謂孝養。若夫父母有疾，人子憂慮之餘，惟有徧訪名醫，哀求救療，湯藥之外，誠禱上蒼而已。刲肝割股，醫方所不載，使肝股可愈病，即斷臂灓身，亦所不惜。然斷無投此而疾瘳者，有之，亦倖逢其機耳。況傷股不過潰爛，去肝未有不死，不能去父母之疾，而反貽父母悲傷。欲延親年，而適以速親死也，可不戒哉！不幸而親殁，稱家有無，棺槨衣衾，必誠必信。如《禮》所謂饘粥不食，擗踊無數，水漿不入口，致其哀毁，庶可以觀。乃供佛飯僧，脩齋設醮，作爲無益，以招親過，豈不悖禮？又親賓往弔，鼓樂歌唱，旅酬痛飲，當哀而樂，尤屬狂悖。至於音容既隔，修其歲祀，齊明盛服，肅敬以將，僾然如聞，愾然如見，當祭之嚴其親，一如生存之嚴其父，此「祭則致其嚴」之謂也。

事親者居上不驕，爲下不亂，在醜不争。

居上，鄭氏曰：當莊敬以臨下也。爲下，鄭氏曰：當恭謹以奉上也。醜，衆也。争，競也。在醜，鄭氏曰：當和順以從衆也。○邢昺《正義》曰：居上位者，不可爲驕溢之事；爲臣下者，不可爲撓亂之事；在醜輩之中，不可爲忿争之事。○董鼎曰：此戒之以不善也。孝子之事親者，居人上，則當莊敬以臨下，而不可驕矜；爲人下，則當恭敬以事上，而不可悖亂；在己之醜類等夷，則當和順以處衆，而不可争競。○愚按：居上能敬，則不驕；爲下能敬，則不亂；在醜能敬，則不争。

居上而驕則亡，爲下而亂則刑，在醜而争則兵。

亡，喪亡。刑，刑戮。鄭氏謂以兵刃相加。○邢昺《正義》曰：居上須去驕，不去，則危亡也；爲下須去亂，不去，則致刑辟；在醜輩須去争，不去，則兵刃或加於身。○董鼎曰：苟居上而驕，則失道而取亡；爲下而亂，則犯分而致刑；在醜而争，則啓釁而召兵。○吴澄曰：居人之上，而矜肆以陵下，則必取滅亡；爲人之下，而悖逆以犯上，則必遭刑戮；在同等之中，而與之鬭争，則必相戕殺。○愚按：此極言驕亂争之禍。三「則」字，正見勢所必至，理有固然。不必亡而後知也，即其驕傲之時，而喪亡之機已兆；不必刑而後知也，即其悖亂之時，而刑戮之禍已萌；不必兵而後知也，即其争競之時，而兵凶之象已著。此居上之所以不可驕，爲下之所以不可亂，在醜之所以不可争也。又矜不可無，争不可有，與我等夷争其勝負，必啣怨思報。故兵不定是干戈，凡陰謀陷害，非禮相加皆是。

三者不除，雖日用三牲之養，猶爲不孝也。一本「三者」上有「此」字。

三牲，鄭氏曰：太牢也。孝以不毁爲先，此上三事皆可亡身，而不除之，雖日致太牢之養，固非孝也。○邢昺《正義》曰：若三者不除，雖復日日能用三牲之養，終貽父母之憂，猶爲不孝之子也。○董鼎曰：曰驕、曰亂、曰争，三者不除，而曰亡、曰刑、曰兵，三者必至。危亡之禍，憂將及親，其爲不孝大矣。雖日具牛、羊、豕三牲之養，自以爲盡禮，親得安坐而食乎？故曰「猶爲不孝也」。又曰：此章以敬爲主，則有前之善，無後之不善。不敬者反是。事親而欲盡孝者，可不愛親而先盡敬乎？○吴澄曰：事親者，以身不毁傷爲孝。三者皆喪身之事，苟或不除，則親之遺體將不能保。雖日具盛饌以養親之口體，何足爲孝哉？○愚意：「除」者，不獨外面無驕亂争之迹，即心裏亦絶去驕亂争之萌。苟或不然，潛滋暗長，安保其不見於動作威儀耶？故聖人於篇末，特以「不孝」警之。蓋能除，即菽水可以承歡；不除，即牲牢難以言孝。事親而徒養口體者，其亦知所勉哉！○范祖禹曰：居則致其敬者，舜夔夔齊慄，文王朝於王季日三是也。養則致其樂者，舜以天子養，曾子養志是也。病則致其憂者，武王養疾，文王一飯亦一飯，文王再飯亦再飯是也。喪與祭，孝之終也，備此，然後能事親。居上不驕，爲下不亂，在醜不争，皆恐危其親也。居上而驕，則天子不能保四海，諸侯不能保社稷，故亡。爲下而亂，則入刑之道也。在醜而争，則興兵之道也。孝莫大於寧親，三者不除，災必及親。雖能備物以養，猶爲不孝也。

男　飛鵬
　　鳴謙　校對

孝經

孝經

趙起蛟集解

五刑章第十一

邢昺《正義》曰：此章「五刑之屬三千」，案舜命皋陶云：「汝作士，明於五刑。」又《禮記·問喪》云：「喪多而服五，罪多而刑五。」以其服有親疏，罪有輕重也，故以名章。以前章有驕亂忿争之事，言此罪惡必及刑辟，故此次之。○愚案：此爲《刊誤》傳之八章。吴草廬因朱子有「此由上文『不孝』之云，而繫於此」一語，遂合上爲一章。又刑以輔教之所不及，聖人不徒恃刑，而亦不廢刑。明刑以弼教也。

子曰：五刑之屬三千，而罪莫大於不孝。「於」，一本作「于」。

五刑，墨、劓、剕、宫、大辟也。○邢昺《正義》曰：此五刑之名，皆《尚書·吕刑》

文。孔安國云：「劓其額而涅之曰墨刑。」額，額也。謂刻額爲瘡，以墨塞瘡孔令變色也。墨，一名黥。又云「截鼻曰劓，刖足曰剕」，《釋言》云：「剕，刖也。」李巡曰「斷足曰刖」是也。又云「宫，淫刑也。男子割勢，婦人幽閉，次死之刑」，以男子之陰名爲勢，割去其勢，與椓出其陰，事亦同也。婦人幽閉，閉於宫使不得出也。又云「大辟，死刑也」，案鄭註《周禮·司刑》引《書傳》曰：「決關梁、踰城郭而略盗者，其刑臏；男女不以義交者，其刑宫；觸易君命、革輿服制度、姦軌盗攘傷人者，其刑劓；非事而事之、出入不以道義而誦不詳之辭者，其刑墨；降畔、寇賊、劫略、奪攘、矯虔者，其刑死。」案《説文》云：「臏，膝骨也。」刖臏，謂斷其膝骨。鄭註不言臏而云剕者，據《吕刑》之文也。屬，猶條也。三千，邢昺《正義》曰：案《周禮》「司刑掌五刑之法，以麗萬民之罪。墨罪五百，劓罪五百，宫罪五百，剕罪五百，殺罪五百」，合二千五百。至周穆王乃命吕侯入爲司寇，令其訓暢夏禹贖刑，增輕削重，依夏之法，條有三千。則周三千之條首自穆王始也。《吕刑》云：「墨罰之屬千，劓罰之屬千，剕罰之屬五百，宫罰之屬三百，大辟之罰其屬二百。」故曰五刑之屬三千。○鄭氏曰：條有三千，而罪之大者，莫過不孝。○邢昺《正義》曰：舊註説及謝安、袁宏、王獻之、殷仲文等，皆以不孝之罪，聖人惡之，云在三千條外，此失經之意也。案上章云「三者不除，雖日用三牲之養，猶爲不孝」，此承上「不孝」之後，而云三千之罪，莫大於不孝，是因其事而便言之，本無在外之意。案《檀弓》云：「子弑父，凡在宫者殺無赦。殺其人，壞其室，洿其宫而豬焉。」既云「學斷斯獄」，則明有條可斷也。何者？《易·序卦》稱「有天地然後萬物生焉」，自《屯》《蒙》至《需》《訟》，即争訟之始也。故聖人法雷霆以申威，刑所興其來遠矣。唐虞以上，書傳靡詳，舜命臯陶有五刑，五刑斯著。案《風俗通》曰：「《臯陶謨》是虞時造也。及周穆王訓夏，李悝師魏，乃著《法經》六篇，而以盗、賊爲首。賊之大者，有惡逆焉。決斷不違時，凡赦不免。又有不孝之罪，並編十惡之條。前世不忘，後世爲式。」而安、宏不孝之罪不列三千之條中，今不取也。○董鼎曰：古用肉刑，漢文帝始除之。斬左趾者，笞五百；當劓者，笞三百，率多死。景帝又定律：笞五百曰三百，笞三百曰二百。「五刑之屬三千」，孔子蓋引此句以爲刑罰之條目雖如此其多，而罪之至大者，無過於不孝，則不孝者，天地所不容也。上章已足爲天子、諸侯、卿大夫之戒矣，於此又兼士、庶人之戒焉。○愚意：人之敢於身犯不孝者，以不孝爲罪之小者耳。詎知罪條之多，不孝爲大哉？故夫子特深警之。

夫不孝之子，明即能逃國法，而幽斷難逃天譴，或斬其嗣，或踵其行，非莫大之明驗歟？

要君者無上，非聖人者無法，非孝者無親，

要，平聲。○要，有挾而求也。鄭氏曰：君者，臣之稟命也，而敢要之，是無上也。聖人制作禮樂，而敢非之，是無法也。善事父母爲孝，而敢非之，是無親也。○邢昺《正義》曰：案《晉語》云：諸大夫迎悼公，公曰：「孤始願不及此，孤之及此，天也。抑人之有元君，將稟命焉。」明凡爲臣下者，皆稟君教命，而敢要以從己，是有無上之心，故非孝子之行也。若臧武仲以防求爲後於魯，晉舅犯及河授璧請亡之類是也。又曰：聖人規模天下，法則兆民，敢有非毁之者，是無聖人之法也。孝爲百行之本，敢有非毁之者，是無親愛之心也。○一說，非聖人、非孝，謂人之所行非聖人之道，子之所行非孝道也。○愚按：要君之事非一，或倚勢力，或用智術，或假名義以挾持其君，使之不得不從，以遂其欲者，皆謂之要君。非聖之事不一，或譏禮爲僞首，或譏義爲争端，或譏一切法度爲桎梏，皆謂之非聖。非孝之事不一，藐定省爲過禮，指終喪爲不情，鄙終身孺慕者爲曲謬，皆謂之非孝。又人而要君，及非聖、非孝者，其肇端皆起於不孝。惟不孝，故敢於要君，忍於非聖。孝則安分循理，必不爲悖逆之事，必不行詆毁之術矣。經因言不孝之罪，故連類及此。

此大亂之道也。

鄭氏曰：言人有上三惡，豈惟不孝，乃是大亂之道。○邢昺《正義》曰：言人不忠於君、不法於聖、不愛於親，此皆爲不孝，乃是罪惡之極，故經以「大亂」結之也。○司馬光曰：無上則統紀絶，非法則規矩滅，無親則本根蹷。三者，大亂之所由生也。○董鼎曰：此極言不孝之罪，所以爲大。蓋人必有親以生，有君以安，有法以治，而後人道不滅，國家不亂。若三者皆無之，此乃大亂之道也。三者又以不孝爲首，蓋孝則必忠於君，必畏聖人之法矣。惟其不孝，不顧父母之養，是以無君臣，無上下，詆毁法令，觸犯刑辟，不孝之罪，蓋不容誅也。○愚意：三惡由於不孝，不孝即爲大亂之道，則罪孰有大於此者乎？危言及此，所以勉人爲孝者，益加切矣。又亂只在一身一家，未及天下。○范祖禹曰：人之善，莫大於孝；其惡，莫大於不孝。故聖人制刑，不孝之罪爲大。君者，臣之所禀令也，而要之，是無上；聖人者，法之所自出也，而非之，是無法；人莫不有親，而以孝爲非，則是無其父母。此三者，致天下大亂之道也。聖人制刑，以懲夫不孝、要君、非聖之人，所以防天下之亂也。

男　飛鵬　鳴謙　校對

孝經

孝經

趙起蛟集解

廣要道章第十二

邢昺《正義》曰：前章明不孝之惡，罪之大者，及要君、非聖人，此乃禮教不容。廣宣要道以教化之，則能變而爲善也。首章略云「至德要道」之事而未詳悉，所以於此申而演之，皆云「廣」也，故以名章，次《五刑》之後。「要道」先於「至德」者，謂以要道施化，化行而後偏彰，亦明道德相成，所以互爲先後也。〇愚按：《刊誤》爲傳之二章，釋「要道」。吳草廬爲傳之六章，爲申釋「要道」、「民用和睦，上下無怨」。又上章明刑，使人知所戒；此章明要道，使人知所守。

子曰：教民親愛，莫善於孝。教民禮順，莫善於悌。移風易俗，莫善於樂。安上治民，莫善於禮。四「於」字，一本作「于」。

風者，上之化所及。俗者，下之習所成。韋昭曰：「人之性，繫於大人。大人風聲，故謂之風。追其趣舍之情欲，故謂之俗。」移，謂遷就其善。易，謂變去其惡。安，謂不危。治，謂不亂。○鄭氏曰：言教人親愛禮順，無加於孝悌也。風俗移易，先入樂聲，變隨人心，正由君德。正之與變，因樂而彰，故曰「莫善於樂」。按《詩序》曰：「王道衰，禮義廢，政教失，國異政，家殊俗，而變風、變雅作矣。」是「入樂聲」之義也。又曰：「國史明乎得失之迹，傷人倫之廢，哀刑政之苛，吟咏情性以風其上，故變風發乎情，止乎禮義。發乎情，民之性也；止乎禮義，先王之澤也。」以斯言之，則知樂者本於情性，聲者因乎政教。政教失則人情壞，人情壞則樂聲移，是「變隨人心」也。國史明之，遂吟以風上也。上受其風而救其失，乃行禮義以正之，教化以美之。上政既和，人情自治，是「正由君德」也。又曰：「治世之音安以樂，其政和；亂世之音怨以怒，其政乖；亡國之音哀以思，其民困。」又《尚書·益稷》篇舜曰：「予欲聞六律、五聲、八音，在治忽。」孔安國曰：「在察天下理治及忽怠者。」皆是因樂而彰也。○鄭氏曰：禮所以正君臣、父子之别，明男女、長幼之序，故可以安上化下也。○邢昺《正義》曰：此夫子述「廣要」之義。言君欲教民親於君而愛之者，莫善於身自行孝也，君能行孝則民效之，皆親愛其君；欲教民禮於長而順之者，莫善於身自行悌也，人君行悌則人效之，皆以禮順從其長也；欲移易風俗之敝敗者，莫善於聽樂而正之；欲身安於上、民治於下者，莫善於行禮以帥之。又曰：《韶》樂存於齊，而民不爲之易；周禮備於魯，而君不獲其安。亦政教失其極耳，夫豈禮樂之咎乎？○董鼎曰：孝所以愛其親也，故欲教民以相親相愛，則莫有善於孝者矣。悌所以敬其長也，故欲教民以有禮而順，則莫有善於悌者矣。得其和之爲樂，樂有鼓舞動蕩之意，故欲移改其風，變易其俗，則莫有善於樂者矣。得其序之爲禮，禮有上下尊卑之分，故欲上安其君，下治其民，則莫有善於禮者矣。此四者，蓋舉其要而言。然孝悌禮樂，一本也。此經本以孝爲要道，而四者之中，孝又爲要。孝於親，必悌於長。孝悌之人，心必和順，和則樂也，順則禮也。四者相因而舉，有則俱有矣。○吴澄曰：君教以孝，則民知有親而愛其父。君教以悌，則民知有禮而順其兄。由父子和而被之聲容以爲樂，則氣體調暢而無有乖戾，所以風隨上而遷，俗自下而變也。由長幼之序而著之節文以爲禮，則名分森嚴而無有陵犯，所以爲上者不危，爲民者不亂也。○愚意：此見孝弟爲教民之本，而教民孝弟，又必上之人躬行孝弟以爲倡，而後民始相率而親愛禮順，以奉行其教也。樂之實，樂斯二者；禮之實，節文斯二者。舍孝悌而言玉帛鐘鼓，末矣。

禮者，敬而已矣。

敬，恭敬。「而已矣」者，竭盡無餘之詞也。鄭氏曰：敬者，禮之本也。○司馬光曰：將明孝而先言禮者，明禮孝同術而異名。○朱申曰：禮有本有文，而敬爲禮之本。○董鼎曰：上文兼言孝、悌、禮、樂四者，至此又獨歸重於禮。至於言禮，則又以敬爲主。蓋父母於子，一體而分，愛易能而敬難盡，故經雖以愛敬兼言，而此獨言敬。而以禮爲重者，蓋其所以有序而和者，未有不本於敬而能之者，故下極推廣敬之功用。○愚按：《丹書》：「敬勝怠者吉，怠勝敬者滅。」又《曲禮》首曰：「毋不敬。」又朱子曰：「『敬』之一字，聖學之所以成始而成終也。」又曰：「敬者，一心之主宰，而萬事之根本也。」敬固不重歟？其用力之方，莫如程子「主一無適」與「整齊嚴肅」，而上蔡謝氏「常惺惺」之法，及尹氏所謂「其心收斂，不容一物」，最爲詳悉著實。學者玩索而身體之，其於敬也幾矣。

故敬其父，則子悦；敬其兄，則弟悦；敬其君，則臣悦；敬一人，而千萬人悦。「悦」，一本作「説」。

鄭氏曰：居上敬下，盡得懽心，故曰悦也。○司馬光曰：天下之父兄君，聖非能徧致其恭，恭一人，則與之同類者千萬人皆悦。○董鼎曰：此心之敬，隨寓而見。以此之敬，而敬人之父，則凡爲之子者，莫不悦矣；以此之敬，而敬人之兄，則凡爲之弟者，莫不悦矣；以此之敬，而敬人之君，則凡爲之臣者，莫不悦矣。彼爲人子，爲人弟，爲人臣者，本皆有敬父、敬兄、敬君之心，而吾先有以敬之，則深得其懽心矣。○一説，敬父即是孝，敬兄即是弟，敬君即是「安上治民」之禮，敬一人而千萬人悦，即是「移風易俗」之樂。○愚意：敬父則子悦，敬兄則弟悦，敬君則臣悦，是敬一人而千萬人悦也。又敬者，禮之施；悦者，敬之驗。效見於下，而責成於上也。又按：鄭氏註，「敬一人而千萬人悦」句，聯上三句爲一段。朱申註：敬一人，謂敬重天子；千萬人悦，謂天下人懽悦。亦應聯上三句，平列爲段。若邢昺《正義》，及董氏、吴氏註，敬一人，皆曰敬父、兄及君一人也；千萬人悦，其子、弟及臣千萬人皆悦也，則又當合「所敬者寡」句爲一段矣。今姑從石臺本，存疑以俟博雅君子論定焉。

所敬者寡，而悦者衆，此之謂要道也。一本無「也」字。

愚意：此正申明首章「要道」之意。敬一人，敬何寡也。千萬人悦，悦何衆也。此即先王之所謂「要道」也。○司馬光曰：所守者約，所獲者多，非要而何？○朱申曰：敬父、敬兄、敬君，敬一人，所敬者甚寡也。子悦、弟悦、臣悦，千萬人悦，所悦者甚衆也。上文所云，乃先王之要道。○范祖禹曰：孝於父，則能和於親；弟於兄，則能順於長。故欲民親愛禮順，莫如教以孝弟。樂者，天下之和也。禮者，天下之序也。和故能移風易俗，序故能安上治民。夫風俗非政令之所能變也，必至於有樂而後治道成焉。禮則無所不敬而已。天下至大，萬民至衆，聖人非能徧敬之也。敬其所可敬者，而天下莫不悦矣。故敬人之父，則凡爲人子者，無不悦矣；敬人之兄，則凡爲人弟者，無不悦矣；敬人之君，則凡爲人臣者，無不悦矣。敬一人，而千萬人悦者，以此道也。聖人執要以御繁，敬寡而服衆，是以不勞而治道成也。

男 飛鵬
　 鳴謙 校對

孝經

趙起蛟集解

廣至德章第十三

邢昺《正義》曰：首章標「至德」之目，此章明「廣至德」之義，故以名章，次《廣要道》之後。○愚按：《刊誤》爲傳之首章，釋「至德」。吳草廬爲傳之五章，冠「教民親愛」之前，蓋順經文「至德要道」之義矣。

子曰：君子之教以孝也，非家至而日見之也。

鄭氏曰：言教不必家到户至，日見而語之，但行孝於内，其化自流於外。○司馬光曰：在於施得其要而已。○吳澄曰：以孝教天下之人者，不待各至其家、日見其人而諭之，但上所行、下自效之耳。○愚意：孝乃人心之所同，故其感化之易如此。不然，雖家至日見，有頑梗不率者矣。

教以孝，所以敬天下之爲人父者也；教以悌，所以敬天下之爲人兄者也；教以臣，所以敬天下之爲人君者也。一本「父者」「兄者」「君者」下俱無「也」字。

鄭氏曰：舉孝悌以爲教，則天下之爲人子弟者，無不敬其父兄也；舉臣道以爲教，則天下之爲人臣者，無不敬其君也。○邢昺《正義》曰：教之以孝，則天下之爲人父者，皆得其子之敬也；教之以悌，則天下之爲人兄者，皆得其弟之敬也；教之以臣，則天下之爲君者，皆得其臣之敬也。○按《祭義》，祀明堂，所以教孝；食三老五更於太學，所以教悌；朝覲，所以教臣。○司馬光曰：天下之父、兄、君，聖人非能身往恭之。修此三道以教民，使民各自恭其長上，則聖人之德無不偏矣。○董鼎曰：教之以孝，使凡爲子者，皆知盡事父之道，即所以敬天下之爲人父者也。教之以悌，使凡爲人弟者，皆知盡事兄之道，即所以敬天下之爲人兄者也。教之以臣，使凡爲人臣者，皆知盡事君之道，即所以敬天下之爲人君者也。蓋致吾之敬者終有限，惟能使人各自致其敬者斯無窮也。○吴澄曰：孝施於兄，則爲悌；施於君，則爲臣，同一順德也。上之人躬行孝、悌、臣以教，則天下之人無不效之，而各敬其父、兄與君。是上之人自敬其父、兄、君者，乃所以敬天下之爲人父、爲人兄、爲人君者也。○愚意：此承上文而申言教孝之效，教悌教臣，教有數端，其大綱不外教孝而已。蓋孝實包涵悌與臣之理。遇兄遇君，擴而充之，無往不得其宜者。又天下之人父、人兄、人君，敬殊不易，乃教孝、教悌、教臣，而吾之敬即行乎彼，又奚必家至而日見之也哉！

《詩》云：「愷悌君子，民之父母。」

《詩·大雅·泂酌》之篇。愷，樂也。悌，易也。鄭氏曰：義取君以樂易之道化人，則爲天下蒼生之父母也。蒼生，《尚書》文，謂天下黔首蒼蒼然，衆多之貌也。○一説，君子有如此愷悌之德，民愛之如父母。○司馬光曰：樂易，謂不尚威猛而貴惠和也。能以三道教民者，樂易之君子也。三道既行，則尊者安於上，卑者順乎下，上下相保，禍亂不生，非爲民父母而何？○吴澄曰：躬行孝悌臣之德者，樂易之君子也。人皆效之，而各敬其父兄與君，是足以爲民之父母。

非至德，其孰能順民如此其大者乎！

劉炫曰：《詩》美民之父母，證君之行教，未證「至德」之大，故於詩下別起歎辭，所以異於餘章。○朱申曰：釋《詩》之義，謂設非先王之至德，安能以順天下有如此之大者。○愚意：此反結「至德」之效，亦以申明首章「至德」之義。○范祖禹曰：君子所以教天下，非人人而諭之也，推其誠心而已。故教民孝，則爲父者無不敬之；教民悌，則爲兄者無不敬之；教民臣，則爲君者無不敬之矣。君子所謂教者，孝而已。施於兄，則謂之悌；施於君，則謂之臣，皆出於天性，非由外也。《詩》云「愷悌君子，民之父母」，愷以强教之，悌以悦安之。爲民父母，惟其職是教也。父母之於子，未有不愛而敬之、樂而安之也。至德者，善之極也，聖人無以加焉，故曰「順民」，而不曰「治民」。孝者，民之秉彝，先王使民率性而行之，順其天理而已矣，故曰「不治」。○愚按：《洞酌》之篇，召康公以父母戒成王也。今君子之德，能不拂民以從欲，而民有不尊之如父、親之如母者乎？夫子獨於此章證《詩》之後，反復咏嘆。爲民上者，可不求所謂順民之實，以無負父母斯民之道也哉！

男　飛鵬　鳴謙　校對

孝經

孝經

趙起蛟集解

廣揚名章第十四

邢昺《正義》曰：首章畧言揚名之義而未審，而於此廣之，故以名章，次《至德》之後。○按《刊誤》爲傳之十一章，釋「立身」「揚名」及士之孝。吴草廬爲傳之十章，釋「終於立身」。朱申《定本》次《感應章》後。又要道不外乎孝弟，至德亦不外乎孝弟。孝弟，誠揚名之急務也。前篇已歷言孝弟感通之效，此復申言孝弟具足之理。

子曰：君子之事親孝，故忠可移於君；

鄭氏曰：以孝事君則忠。○愚按：孝者，所以事君也，孝外無忠也。又親此敬愛，君亦此敬愛，忠孝無二理，故可移。

事兄悌,故順可移於長;

鄭氏曰:以敬事長則順。○愚按:弟者,所以事長也,弟外無長也。又兄此敬愛,長亦此敬愛,悌順亦無二理,故可移。又爲弟者,固當盡其愛敬於兄,而兄亦宜盡其愛敬於弟也。近見有兄弟不相敬愛者,争鬬輕賤,視若仇讐,有不堪言。更可異者,兄也而以父自居,嫂也而以母自居,謂長兄爲父,長嫂爲母,此喪心之言也。夫不幸親喪,幼弟在室,時其饑寒,防其疾痛,訪師而事,擇配而妻,此是兄長分内本務,豈可因此而妄自僭擬?試思己居於父,置父何等?況禮,嫂叔不通問,又嫂叔無服,所以遠嫌疑也。以母自居,何嫌何疑?凡若此者,不道莫甚。雖與經義無關,附記於此,使世人知所警者。

居家理,故治可移於官。一本「居家理」下無「故」字。

鄭氏曰:君子所居則化,故可移於官也。○愚按:欲治其國,先齊其家,家齊而後國治。家不可教而能教人者,無之。苟事親孝,事長悌,則家自理矣。教以孝,教以悌,本此而推之耳。又家之中,不過臣妾妻子,愛以弘其恩,敬以端其範,則家人亦莫不起敬起愛矣。各相敬愛，而家有不理者乎？移此於官，爲之制田里，教樹畜，厚民之生，此愛也；爲之立學校，明禮義，正民之德，此敬也。人苟不先自盡其愛敬於家，至居官而始求治道，誤已！

是以行成於内，而名立於後世矣。「是以」，一本作「是故」。五「於」字，一本作「于」。

行，下孟反。○鄭氏曰：修上三德於内，名自傳於後代。○董鼎曰：名非君子所尚也。又曰：「君子疾没世而名不稱焉」，聖人豈教人以好名哉？名者，實之賓。有其實者，必有其名。苟没世而名不見稱，則是終其身無爲善之實矣，是以君子疾之。苟疾其名之不稱，當常恐其實之不至，而孜孜勉焉可也。夫子於此廣其義以終經言「立身」「揚名」之旨。又曰：君子務實，雖不求名，而州閭鄉黨稱其孝，兄弟親戚稱其慈，僚友稱其悌，執友稱其仁，交遊稱其信，不惟譽藹於一時，而且名立於後世矣。舜在側微，又處頑父、嚚母、傲弟之間，而能和以孝道，是以帝堯聞之，四岳舉之，天下君之，萬世師之，豈有他哉？孝悌而已矣。所謂以顯父母者，豈有過於此哉！○吴澄曰：行，即行此三者。成，謂完備也，必可移而後謂之成。身存而行成，故身没而名立。内對外言，後對今言。蓋行成於内，則名立於外；名立於後，由行成於今也。○愚按：孝弟本非求名，然膏之沃者光必燁，不求名而名自至。若夫百工技藝，皆可成名，譬之春霜朝露，霎時即消歸無有，何可與孝悌争名哉？蓋天地間不朽大業，惟忠與孝，行既已成，流芳百世。學者勿慕虚譽而務本事，則名與天地並垂矣。又事親孝，事兄悌，居家理，則行成於内矣。聞於當時，群相推許，傳之百世，轉相則效，名揚何疑？○范祖禹曰：君者，父道也。長者，兄道也。國者，家道也。以事父之心而事君，則忠矣；以事兄之心而事長，則順矣；以正家之禮而正國，則治矣。君子未有孝於親，而不忠於君；悌於兄，而不順於長；理於家，而不治於官者也。故正國之道，在治其家；正家之道，在修其身；修身之道，在順其親。此孝所以爲德之本也。

男　飛鵬　鳴謙　校對

孝經

孝經

趙起蛟集解

諫諍章第十五

邢昺《正義》曰：此章言爲臣、子之道，若遇君、父有失，皆諫諍也。曾子問「聞揚名」已上之義，而問子從父之令，夫子以令有善惡，不可盡從，乃爲述諫諍之事，故以名章，次《揚名》之後。○愚按：《刊誤》爲傳之十三章，無釋，前載《閨門》一章。吴草廬爲傳之十一章，云廣經中五孝之義，想因篇中天子、諸侯、大夫、士以立論也。朱申《定本》載《事君章》之前，次《閨門章》之後，於「是何言與」下又多「言之不通也」五字一句。又處常之理，各章言之甚詳，而處變之道，則未之及。夫子恐人於孝道有缺，故因問而言諍義。

曾子曰：若夫慈愛、恭敬、安親、揚名，則聞命矣。敢問子從父之令,可謂孝乎?「則」,一本作「參」;「敢問」下無「子」字。

夫,音扶。○鄭氏曰:事父有隱無犯,又敬不違,故疑而問。○邢昺《正義》曰:經稱「夫」有六焉,蓋發言之端也。一曰「夫孝,德之本」,二曰「夫孝,始於事親」,三曰「夫孝,天之經」,四曰「夫然,故生則親安之」,五曰「夫聖人之德」,此章云「若夫慈愛」,並却明前理,而下有其趣,故言「夫」以起之。○董鼎曰:夫子教曾子以孝,曾子一歎孝之大,次問無以加於孝,夫子皆詳告之。孝之始終備矣,惟幾諫一節,言之未及。曾子於是包攝夫子之所已言者,謂「若夫慈愛、恭敬、安親、揚名」,凡此之道,則既得聞夫子之教命矣。敢問爲人子者,一以順從爲孝,然則父母有命令,將不問可否而悉從之,然後可以爲孝乎?此曾子之善問也。又曰:慈愛,如養致其樂;恭敬,如居致其敬;安親,不近兵刑;揚名,如立身行道,揚名於後世之類。○吴澄曰:孝者,曰愛曰敬而已。愛施於下爲慈,敬見於外爲恭。生而安親者,孝之始;死而揚名者,孝之終。○愚按:前篇曰「愛親者不敢惡於人,敬親者不敢慢於人」,曰「夫然,故生則親安之」,曰「揚名於後世」,已言之詳矣,故曾子曰:「則聞命矣。」但人子有順無違,從父之令,順道也。曾子特舉以問,意深哉!

子曰：是何言與？是何言與？一本「言與」下有「言之不通也」。

與，平聲。○鄭氏曰：有非而從，成父不義，理所不可，故再言之。○邢昺《正義》曰：再言之者，明其深不可也。○愚按：參也魯，魯則不復審量可否，必以從令爲是矣。夫子重言申警，所以開其魯也。

昔者，天子有争臣七人，雖無道，不失其天下；諸侯有争臣五人，雖無道，不失其國；大夫有争臣三人，雖無道，不失其家。

争，去聲，亦作諍。下同。○争，謂諫止其非，若有争然。○皇侃曰：夫子述《孝經》之時，當周亂衰之代，無此諫争之臣，故言「昔者」也。不言「先王」，而言「天子」者，諸稱「先王」皆指聖德之主，此言「無道」，所以不稱「先王」也。○鄭氏曰：降殺以兩，尊卑之差。争，謂諫也。言雖無道，爲有争臣，則終不至失天下、亡國家也。○真德秀曰：無道而不失天下國家者，蓋於失道必争之，雖失而旋復，所以免於危亡也。○邢昺《正義》曰：按孔、鄭二註，及先儒所傳，並引《禮記·文王世子》以解七人之義。按《文王世子記》曰：

「虞夏商周有師保，有疑丞，設四輔及三公，不必備，惟其人。」又《尚書大傳》曰：「古者天子必有四鄰，前曰疑，後曰丞，左曰輔，右曰弼。天子有問無對，責之疑；可志而不志，責之丞；可正而不正，責之輔；可揚而不揚，責之弼。其爵視卿，其禄視次國之君。」《大傳》「四鄰」則見之「四輔」，兼三公，以充七人之數。諸侯五者，孔《傳》指天子所命之孤及三卿與上大夫。王肅指三卿、内史、外史，以充五人之數。大夫三者，孔《傳》指家相、室老、側室，以充三人之數。王肅無側室，而謂邑宰。斯並以意解説，恐非經義。劉炫云：「按下文云『子不可以不争於父，臣不可以不争於君』，則爲子、爲臣皆當諫争，豈獨大臣當争，小臣不争乎？豈獨長子當争其父，衆子不争者乎？若父有十子皆得諫争，王有百辟惟許七人，是天子之佐乃少於匹夫也。又按《洛誥》云成王謂周公曰『誕保文武受民，亂爲四輔』，《冏命》穆王命伯冏『惟予一人無良，寔賴左右前後有位之士匡其不及』，據此而言，則『左右前後』，四輔之謂也。疑、丞、輔、弼，當指於諸臣，非是别立官也。」謹按：《周禮》不列疑、丞，《周官》歷敘群司，《顧命》總名卿士，《左傳》云「龍師」「鳥紀」，《曲禮》云「五官」「六大」，無言疑、丞、輔、弼專掌諫争者。若使爵視於卿，禄比次國，《周禮》何以不載，經傳何以無文？且伏生《大傳》以「四輔」解爲四鄰，孔註《尚書》以「四鄰」爲前後左右之臣，而不爲疑、丞、輔、弼，安得又采其説也？《左傳》稱「周主申父之爲太史也，命百官官箴王闕」，師曠説匡諫之事，「史爲書，瞽爲詩，工誦箴諫，大夫規誨，士傳言」，「官師〔一〕相規，工執藝事以諫」，此則凡在人臣皆合諫也。夫子言天子有天下之廣，七人則足，以見諫争功之大，故舉少以言之也。然父有争子、士有争友，雖無定數，要一人爲率。自下而上稍增二人，則從上而下當如禮之降殺，故舉七、五、三人也。劉炫之讜義雜合通途，何者？傳載：忠言比〔二〕於藥石，逆耳苦口，隨要而施。若指不備之員以匡無道之主，欲求不失，其可得乎？先儒所論，今不取也。○董鼎曰：天子有天下，四海之大，萬幾之繁，善則億兆蒙其福，不善則宗社受其禍，故必有諫争之臣，以救其過而後可。古者立誹謗之木，設敢諫之鼓，大開言路，廣集忠益，争臣豈止七人而已哉？夫子姑約而言之耳。若次於天子爲諸侯，又次於諸侯爲大夫，國小於天下，其事必簡，故五人而可；家小於國，其事又簡，故三人而可。其實諫不厭多，非必以數拘也。下至於士則無臣，未爲大夫則無家，所有者身，

〔一〕「師」，原作「司」，據《孝經注疏》改。
〔二〕「比」，原作「皆」，據《孝經注疏》改。

所損者友，故士以友爭也。又曰人之大倫有五，君臣、父子爲之首，而朋友居其末。君臣、朋友，皆以人合，惟父子爲天屬之親。臣之忠愛其君者，以道事君，不可則止；友之忠愛其友者，忠告而善道之，亦不可則止。若子之於父，無可止之義，故曰：「君有過則諫，三諫而不聽則去；親有過則諫，三諫而不聽則號泣而隨之。」又曰：「事父母幾諫，見志不從，又敬不違，勞而不怨。」積誠以感動之，必其從而後已。此則人子愛親之至，終欲其歸於至善，又有非臣與友之所得爲者。○司馬光曰：天下至大，萬幾至重，故必有能爭者。及七人，然後能無失也。○愚按：天子無道，未有不失天下；諸侯無道，未有不失其國；大夫無道，未有不失家。乃有爭臣，雖無道，可保其不失；況有道，而又有爭臣匡救其間，其於天下國家，當何如耶？又聖人論事，每援古以證，故曰「昔者」。今皇氏言當代無爭臣云然，恐失之拘。蓋舉天子、諸侯、大夫爭臣員數者，見尊如君、卑如臣，無苟順之義，而有犯顏之典。父子猶君臣也，何可任意曲從乎？

士有爭友，則身不離於令名；

離，力智反。○令，善也。○鄭氏曰：益者三友。言受忠告，故不失其善名。○司馬光曰：士無臣，故以友争。○愚按：合上天子、諸侯、大夫，皆引起下「父有争子」來。又學人稍有聲名，即自不可一世，豈復求争友哉？宜其令名之終失也。又好名之士，訂盟結社，始未嘗不直道相期，不逾時而視同陌路，甚至群居終日，不呼盧角阮，輒飲酒博弈，以道義相規而直言不諱者，吾見亦罕矣。

父有争子，則身不陷於不義。

鄭氏曰：父失則諫，故免陷於不義。○愚按：此通天子、諸侯、大夫、士、庶而言，爲父者不患難免於不義，患無争子耳；有争子，則終身自不沉没於不義。又「父母有過，下氣怡色，柔聲以諫。諫若不入，起敬起孝，悦則復諫。父母怒，不悦，撻之流血，不敢疾怨，起敬起孝」，此争法也。

故當不義，則子不可以不争於父，臣不可以不争於君。「不争」，一本作「弗争」。

鄭氏曰：不争，則非忠孝。○愚按：「不義」之所該甚廣，凡言行之間不合於理者皆是。朋友尚須苦口，尊親如君父，臣子忍視陷於不義，而不一匡救乎？

故當不義，則争之。從父之令，又焉得爲孝乎？「焉得」上，一本無「又」字。

焉，於虔反。○董鼎曰：所以結一章之旨，而終「是何言與」之義也。○愚按：上文「故當不義」句，君親並言，此則專指父説。又子從父令，順道也，夫子不許以孝者何也？蓋令有善有惡，其善者，固不可以不從，不從，則爲不孝，不善者，而阿諛曲從，是己既蹈於不義，又陷父於逆德，此夫子所以不許也。○范祖禹曰：父有過，子不可以不争，争，所以爲孝也。君有過，臣不可以不争，争，所以爲忠也。子不争，則陷父於不義，至於亡身；臣不争，則陷君於無道，至於失國。故聖人深戒曾子從父之令「是何言與，是何言與」。古者天子設四輔，及三公、卿大夫、士，皆有諫職。至於瞽獻典，史獻書，師箴，瞍賦，矇誦，百工獻藝，庶人傳言，近臣盡規，親戚補察，耆老教誨，所以救過防失之道至矣。然而必有争臣焉。争者，諫之大者也。諫而不入，則犯顔引義以争之；不聽，則不止。故必有力争者至於七人，則雖無道，猶可以不失天下；諸侯必有五人，乃可以不失其國；大夫必有三人，乃可以不失其家。言争臣之不可無也。忠臣之事聖君也，諫於無形，而止於未然；事賢君也，諫於已然，而防其未來；事亂君也，救其横流，而拯其將亡，故有以諫殺身者矣。益戒舜曰：「罔遊於逸，罔淫於樂。」禹戒舜曰：「無若丹朱傲。」以上智之性，而戒之如此，惟舜欲聞之，此事聖君者也。傅説之訓高宗，周公之戒成王，救其微失，防其未來，此事賢君也。商以三仁存，亦以三仁亡，此事亂君也。人君惟能儆戒於無形，受戒於未然，使忠臣不至於争，則何危亂之有？

男 飛鵬 鳴謙 校對

孝經

孝經

趙起蛟集解

感應章第十六

按邢昺《正義》曰：此章言「天地明察，神明彰矣」，又云「孝悌之至，通於神明」，皆是應感之事也。前章論諫諍之事，言人主若從諫諍之善，必能修身慎行，致應感之福，故以名章，次於《諫諍》之後。愚意：《諫諍章》專爲從父之令而發，類及天子、諸侯、大夫也。邢氏歸重人主，何歟？欲連合分章之意，反失聖人立言本旨，不無穿鑿。又《刊誤》爲傳之十章，釋「天子之孝」。吴草廬爲傳之首章，釋「先王有至德要道」。有曰：此章文理精深，正釋「至德要道」之義。其曰「昔者明王」云者，釋經文「先王」字也，當爲傳之首章。「天地明察，神明彰矣」八字，錯簡在「故雖天子」之上。今詳「故」字，承上起下，申説上文「長幼順」之義；而「宗廟致敬」，乃申説章首「事父孝」「事母孝」之義；「天地明察」，則因章首

「事天明」「事地察」而言；「著矣」「彰矣」二句，文法協比，不應間隔；下文「通於神明」，又承「神明彰矣」一句而言，如此辭意方屬。夫傳世久遠，不無錯簡，學者闕疑可也。又異端因果，怪誕無稽，故感應之説，聖人所不道。篇内言「天明地察」，以及「神明彰」「鬼神著」，所以明孝道之廣大，而天人同原，幽明一理，皆於此章詳揭示人，無非勉人爲孝，非徒以應感動人也。讀者不惑於章名，斯即聖人之徒矣。

子曰：昔者明王事父孝，故事天明；事母孝，故事地察；

鄭氏曰：王者父事天，母事地。言能敬事宗廟，則事天地能明察也。〇邢昺曰：經稱「明王」者二焉：一曰「昔者明王之以孝治天下也」，二即此章言「昔者明王事父孝」，俱是聖明之義，與「先王」爲一也。言「先王」，示及遠也。言「明王」，示聰明也。〇司馬光曰：王者父天母地，事父孝，則知所以事天，故曰明；事母孝，則知所以事地，故曰察。〇董鼎曰：《易》曰「乾，天也」，故稱乎父；「坤，地也」，故稱乎母。父有天道，母有地道，王者繼天作子，父天母地。凡其所以事天地之道，亦不外事父母之道而已。天人幽顯之道，一也。能事人，則能事神矣。〇吴澄曰：此言孝之推也。王者事父母於宗廟而孝，故事天地於郊社亦明察也。蓋事天如事父，事地如事母，能事父母，則知所以事天地矣。明察，謂於其禮、其義能精審也。○愚按：孝本天經地義，故能事父母，即能事天地。天地、父母，分殊而理則一也。又曰明，曰察，則無諂瀆之意，而適合乎奉事之節矣。

長幼順，故上下治；「上」字，一本作「天」字。

長，貞丈反。○司馬光：長幼者，言乎其家；上下者，言乎其國。能使家之長幼順，則知所以治國之上下矣。○鄭氏曰：君能尊諸父，先諸兄，則長幼之道順，君人之化理。○邢氏曰：明王又於宗族長幼之中皆順於禮，則凡在上下之人皆自化也。○董鼎曰：「長幼順」，蓋就事父母推之；「上下治」，蓋就事天地推之。○吴澄曰：此言悌之推也。悌於家，而長幼之序順，故自國至天下皆興弟，而上下之分不亂也。○愚按：董氏承上推之之説，詎無所見，但結處孝、弟並言，此節歸重弟道，方合上下，即可包括天地。長幼則不可加稱父母，不若吴氏言弟之推爲明白切當也。

天地明察，神明彰矣。

鄭氏曰：事天地能明察，則神感至誠而降福佑，故曰彰也。○邢昺《正義》曰：明王之事天地既能明察，必致福應，則神明之功彰見。謂陰陽和，風雨時，人無疾厲，天下安寧也。○司馬光曰：神明者，天地之所爲也。王者知所以事天地，則神明之道昭彰可見矣。○吴澄曰：彰，謂「微之顯」，「洋洋乎如在其上，如在其左右」也。○愚按：上言天明地察，不過因孝父母之理而推；此言天地明察，直從明察内推原出幽明感通之故，總以申明孝道之大。

故雖天子，必有尊也，言有父也；必有先也，言有兄也。

鄭氏曰：父謂諸父，兄謂諸兄，皆祖考之胤也。禮，君燕族人，與父兄齒也。○邢昺《正義》曰：故者，連上起下之辭。以上文云「事父孝」，又云「事母孝」，又云「長幼順」，所以於此述尊父先兄之義。言王者雖貴爲天子，於天下宗廟之中，必有所尊之者，謂天子有諸父也；必有所先之者，謂天子有諸兄也。○愚按：此承上「事父孝」「長幼順」兩節而言。言父不言母者，省文也。天可該地，父可該母也。鄭氏、邢氏俱以父屬伯叔，恐偏於弟一邊，「故」字從何處發源？

宗廟致敬，不忘親也；

鄭氏曰：言能敬事宗廟，則不敢忘其親也。○吴澄曰：謂之親者，視如生存也。○愚按：親殁之後，音容雖不復覩，而於祭祀之時，僾聞愾見，必致其如在之誠，正見此心無刻敢忘親也。

脩身慎行，恐辱先也。「先」，一本作「兄」。

行，下孟反。○鄭氏曰：天子雖無上於天下，猶脩持其身，謹慎其行，恐辱先祖而毁盛業也。○邢昺《正義》曰：上言「必有先也」，先兄也。此言「恐辱先也」，是先祖也。○吴澄曰：謂之先者，念所本始也。○愚意：人惟不以辱先爲恐，故驕奢淫佚，無所不至。若時以辱及先人爲懼，自然敬謹儉約，天子可以保四海，諸侯可以保社稷，卿大夫可以保宗廟，士庶人可以保四體矣。

宗廟致敬，鬼神著矣。

著，猶《祭義》「致慤則著」之著，如見所祭也。○鄭氏曰：事宗廟能盡敬，則祖考來格，享於克誠，故曰「著」也。○邢昺《正義》曰：上言「神明」，謂天地之神也。此言「鬼神」，謂祖考之神。《易》曰：「陰陽不測之謂神。」先儒釋云：若就三才相對，則天曰神，地曰祇，人曰鬼。言天道玄遠難可測，故曰「神」也。祇者，知也，言地去人近，長育可知，故曰「祇」也。鬼者，歸也，言人生於無，還歸於無，故曰「鬼」也，亦謂之「神」。按《五帝德》云黄帝「死而民畏其神百年」是也。上言「神明」，尊天地也；此言「鬼神」，尊祖考也。○愚按：宗廟之中，祖考精靈，實式憑之。子孫苟齋明以肅於内，盛服以肅於外，竭其誠敬，無有厭射，鬼神自然來格來歆矣。又上言「宗廟致敬」，見明王盡其追遠之誠。此言「宗廟致敬」，見鬼神顯其情狀之實。○吴本謂移上「天地明察」二句改置此下，始成文理。

孝悌之至，通於神明，光於四海，無所不通。兩「於」字，一本作「于」。「悌」，一本作「弟」。

通，謂感格而無隔礙。光，謂變化而有光輝。○鄭氏曰：能敬宗廟，順長幼，以極孝悌之心，則至性通於神明，光於四海，故曰「無所不通」。○司馬光曰：通於神明者，鬼神歆其祀而致其福。光於四海者，兆民歸其德而服其教。鬼神至幽，四海至遠，然且不違，況其邇者，烏有不通乎？○朱申曰：孝弟之道，極其所至，幽則可以感通於神明，明則可以光顯於四海，無所往而不通。○吴澄曰：由宗廟事父母之孝，充之以事天地，而神明彰。此孝之至，而通於神明也。由一家長幼順之悌，充之以治國平天下，而上下治。此悌之至，而光於四海，無所不通也。○愚意：此總結上文，言孝弟至於其極，則神無不格，民無不勸，應感之通，至於如此。下復引《詩》以詠歎之。

《詩》云：「自西自東，自南自北，無思不服。」

《詩·大雅·文王有聲》之篇。自，從也。思，語辭。○鄭氏曰：義取德教流行，莫不服義從化也。○邢昺《正義》曰：夫子述孝弟之行、愛敬之美既畢，乃引《詩》以贊美之。言從近及遠，至於四方，皆感德化，無有思而不服者，以明無所不通。○范祖禹曰：王者事父孝，故能事天；事母孝，故能事地。事天以事父之敬，事地以事母之愛。明者，誠之顯也;察者,德之著也。明察,事天地之道盡矣。長幼順者,其家道正也;上下治者,其君臣嚴也。事父母以格天地,正長幼以嚴朝廷,上達乎天,下達乎地,誠之所至,則神明彰矣。天子者,天下之至尊也。承事天地,以教天下,則以有父也;貴老敬長,以率天下,則以有兄也。宗廟致敬,非祭祀而已也。脩身慎行,恐辱及宗廟也。鬼神之爲德,視之而不見,聽之而不聞,爲之宗廟以存之,則可以著見矣。《書》曰「祖考來格」,又曰「黍稷非馨,明德惟馨」,孝至於此,則鬼神享其誠而致其福,四海服其德而順其行。格於上下,旁燭幽隱,天之所覆,地之所載,日月所照,霜露所隊,無所不通。四方之人,豈有不思服者乎?○愚按:此《詩》美武王能廣文王之聲,卒其伐功而作。此則言武王徙居鎬京,講學行禮,而天下無有不心服也。引以明孝悌之感通響應有如此。

男　飛鵬　鳴謙　校對

孝經

趙起蛟集解

事君章第十七

邢昺《正義》曰：此章首言「君子之事上」，又言「進思盡忠，退思補過」，皆是事君之道。孔子曰：「天下有道則見，無道則隱。」前章言明王之德、應感之美，天下從化，無思不服；此孝子在朝事君之時也，故以名章，次《應感》之後。〇愚按：忠、孝本無二理，言孝即是言忠。必專言事上者，愛敬乃忠之綱領，而盡忠補過、將順匡救，則忠之條目也。故復專言之，而忠之道始備。又此亦泛論事君之道，不必泥定前章文義相聯屬也。又《刊誤》爲傳之九章，釋「中於事君」。吴本同。

子曰：君子之事上也，進思盡忠，退思補過；「君子之事上也」，一本無「之」

字、「也」字。

上，謂君也。進，謂自私家而適公所。退，謂自公所而歸私家。盡忠，謂事有當陳者，罄竭其心。補過，謂責有未塞者，彌縫其闕。○鄭氏曰：進見於君，則思盡忠節。君有過，則思補益。○邢昺《正義》曰：經稱「君子」有七焉：一曰「君子不貴」，二曰「君子則不然」，三曰「淑人君子」，四曰「君子之教以孝」，五曰「愷悌君子」，已上皆斷章，指於聖人君子，謂居君位而子下人也。六曰「君子之事親孝故」，此章「君子之事上」，則皆指於賢人君子也。○補過，一説謂自補其過，非補君之過。○愚按：盡忠補過，而曰思者，全在不覩不聞、隱微幽獨之際戒慎恐懼，使無一毫人欲之僞，以復還乎天理之公，内不自欺，外不欺君方得。非徒空空懸想，矯托盡忠補過之名可以塞責也。

將順其美，匡救其惡。

將，謂助之於後。順，謂導之於前。匡，謂正之於微。救，謂止之於顯。其，指君而言。○鄭氏曰：將，行也。君有美善，則順而行之。匡，正也。救，止也。君有過惡，則正而止之。○董鼎曰：忠臣之事君，如孝子之事親。先其意，承其志，迎其幾，而致其力。

一念之善，則助成之，無使優游不決沮遏而中止也；一念之惡，則諫止之，無使昏蔽不明遂成而莫救也。陳善閉邪，慮之以早，防之以豫，戒於未然，止於無迹。○愚按：美最難擴充，故必將順始實；惡最易蔓延，故必匡救始絶。蓋「將順」中亦有用其匡救之處，「匡救」内亦有善其將順之地。

故上下能相親也。一本「相親」下無「也」字。

鄭氏曰：下以忠事上，上以義接下，君臣同德，故能相親。○司馬光曰：凡人事上，進則面從，退有後言。上有美，不能助而成也；有惡，不能救而止也。激君以自高，謗君以自潔，諫以爲身而不爲君也。是以上下相疾，而國家敗矣。○董鼎曰：君猶父，臣猶子，相親猶一家也；君爲元首，臣爲股肱，相親猶一體也。○愚按：下能盡其盡忠補過，將順匡救，下之所以親上也；上能容其盡忠補過，將順匡救，上之所以親下也。君臣一德，豈非唐虞三代氣象？

《詩》云：「心乎愛矣，遐不謂矣。中心藏之，何日忘之？」

《詩·小雅·隰桑》之篇。遐，遠也。○鄭氏曰：義取臣心愛君，雖離左右，不謂爲遠。愛君之志，恒藏心中，無日蹔忘也。○一説，遐，何通。○吳澄曰：言心乎愛君，何不形於言乎？雖不言而藏之中心，何日而忘之？蓋言之於口者，其愛淺；藏之於心者，其愛深也。○范祖禹曰：入則父，出則君，父子天性，君臣大倫，以事父之心而事君，則忠矣。故孔子言孝，必及於忠；言事君，必本於事父。忠孝者，其本一也。未有舍孝而謂之忠，違忠而謂之孝。「進思盡忠，退思補過，將順其美，匡救其惡」，此四者，事君之常道也。昔者禹、益、稷、契之事舜也，進則思所以規諫，退則思所以儆戒，頌君之美而不爲諂，防君之惡，如丹朱傲虐，而不爲激。是故君享其安逸，臣預其尊榮，此上下相親之至也。若夫君有大過則諫，諫而不可則去，此豈所欲哉？蓋不得已也。《詩》云：「心乎愛矣，遐不謂矣。中心藏之，何日忘之？」夫君子之愛君，雖在遠猶不忘也，而況於近，可不盡忠益乎？

孝經

男　飛鵬　鳴謙　校對

孝經

趙起蛟集解

喪親章第十八

邢昺《正義》曰：此章首云「孝子之喪親也」，故章中皆論喪親之事。喪，亡也，失也。父母之亡没，謂之喪親。言孝子亡失其親也，故以名章，結之於末矣。〇愚按：喪親，人子所最不幸。然送死實爲大事，厚生而薄死，古賢所不取，故聖人於篇末發明喪親之義，意深哉！又《刊誤》爲傳之十四章，謂不解經，别發一義。吴草廬爲傳之十二章，謂廣經末「終始」之義。

子曰：孝子之喪親也，一本「喪親」下無「也」字。

喪，平聲。〇鄭氏曰：生事已畢，死事未見，故發此事。〇愚意：父母俱存，人生至樂，然不可必得。而死者又人所難免，故夫子於此特明人子死事之孝。蓋吾人之所能知能行者，反是，與禽獸奚擇焉？

哭不偯，禮無容，言不文，服美不安，聞樂不樂，食旨不甘。

偯，於起反，《説文》作「悠」。不樂，音洛。○偯，哭餘聲也。鄭氏曰：氣竭而息，聲不委曲。○愚按：《禮記·閒傳》曰：「斬衰之哭，若往而不反；齊衰之哭，若往而反；大功之哭，三曲而偯。」今斬衰，則不偯也。又《雜記》：「童子哭不偯。」○容，儀容。鄭氏曰：觸地無容。邢昺《正義》曰：悲哀在心，故形變於外，所以稽顙觸地無容，哀之至也。又舉措進退之禮，無趨翔之容。○愚按：《玉藻》：「喪容纍纍，色容顛顛，視容瞿瞿梅梅，言容繭繭。」哀毀之際，形狀慘悽，故雖爲禮，絕無容儀。○文，文辭。鄭氏曰：不爲文飾。邢昺《正義》曰：雖則有言，志在哀慼，不爲文飾也。○愚按：《閒傳》：「斬衰唯而不對，齊衰對而不言。」又《喪服四制》：「三年之喪，君不言。」又：「不言而行事者，扶而起；言而後行事者，杖而起。」鄭玄曰：「『扶而起』，謂天子、諸侯也。『杖而起』，謂大夫、士也。」邢昺曰：經云「言不文」，謂臣下也。○服，衣服。美，謂錦繡絲纊之類。鄭氏曰：不安美飾，故服縗麻。○縗當以麤布，長六寸，廣四寸。麻爲腰絰、首絰，俱以麻爲之。縗之言摧也，絰之言實也。孝子服之，明其心實摧痛也。○按《禮·喪服》，孝子冠繩纓，斬齊衰，苴絰，苴絞帶，菅屨，惡陋不堪，何服美之？有服美云者，按韋昭引《書》云：「成王既崩，康王冕服即位，既事畢，反喪服。」邢昺曰：據此，則天子、諸侯，但定位初喪，是皆服美，故宜「不安」也。○樂，鐘鼓管籥之類。鄭氏曰：悲哀在心，故不樂也。邢氏曰：至痛中發，雖聞樂聲，不爲樂也。按樂以和人情，聞之未有不樂。當此悲迷，唯知有親，不知有樂，從何得樂？雖聞，猶不聞也。○旨，亦甘也。鄭氏曰：旨，美也。不甘美味，故疏食水飲。○按《禮·閒傳》曰：「父母之喪，既殯食粥。」「既虞卒哭，疏食水飲，不食菜菓。」豈有食旨之理？據《曲禮》「有疾則飲酒食肉」，邢氏曰：是爲食旨，故宜「不甘」也。○董鼎曰：人子之心，念念痛親之死而已，豈復計吾之生哉？故寢苫枕塊，服衰麻食溢米，苟延殘喘於天地間，已爲過矣。耳目之接，口體之奉，尚何心乎？○愚按：上六事，皆孝子至誠所發，自然而然，不假强爲，良心真切，莫過於是。

此哀戚之情也。「情」下，一本無「也」字。

鄭氏曰：謂上六句。○司馬光曰：此皆民自有之情，非聖人强之。○愚按：喜、怒、哀、懼、愛、惡、欲，人之七情，皆根於性，何可絶也？特發不能中節，故必加盡性之功。若臨父母之喪，則哀痛迫切，又有不待開陳學習而後能者。

三日而食，教民無以死傷生，毁不滅性。此聖人之政也。一本「傷生」下有「也」字，「政」下無「也」字。

鄭氏曰：不食三日，哀毁過情，滅性而死，皆虧孝道。故聖人制禮施教，不令至於殞滅。○司馬光曰：滅性，謂毁極失志，變其常性也。又曰：政者，正也，以正義裁制其情。○董鼎曰：禮，三年之喪，三日不食。過三日，則傷生矣。所以三日而食者，謂教天下之人無以哀死而至於傷生，雖毁瘠而不滅其性。性者，人之所受於天以生者也。性中有仁，仁之發，主於愛，愛莫大於愛親。父母有而愛敬之者，根於性也；父母没而哀慼之者，亦根於性也。若以哀慼之過而傷生，是性可滅也。性可滅，則生人之類滅矣。此聖人之爲政，所以爲生民立命也。○吴澄曰：親死，水漿不入口三日，乃食粥。蓋過三日，則死。此教民無以親之死，而傷子之生也。喪雖哀毁，不可損滅其性而死，必爲之節。故居喪之禮，不沐浴，不酒肉。然頭有創，則沐；身有瘍，則浴；有疾，則飲酒食肉。年五十者，不致毀；六十者，不毀。凡此，皆聖人之政，爲民制禮節哀，而全其生也。○愚按：人子當父母之没，無復生理。然先王不許以身殉者，誠合於天理，近於人情也。蓋父母志事，正賴爲子者有以繼述之。所謂父没觀其行，在此時也。使一死果足以報親罔極之恩，則聖人必不立教以節制之，而人類亦不至今日已絶矣。

喪不過三年，示民有終也。「終也」，一本無「也」字。

鄭氏曰：三年之喪，天下達禮，使不肖企及，賢者俯從。夫孝子有終身之憂，聖人以三年爲制者，使人知有終竟之限也。○起踵曰企，俛首曰俯。○吴澄曰：孝子之於親，有終天之痛。視三年之久，猶駟之過隙，哀豈能忘哉？然遂其情，則無有窮也。故喪制父母之喪至重，亦不過三年者，示民以有終竟之時也。○愚按：子生三年，然後免於父母之懷。聖人準此而定爲中制，亦不得已耳。豈曰三年喪，即可以報親三年懷抱之恩哉？但服有竟期，而情無窮極。人子體此，而飲食寤寐，言動舉止，如臨父母，亦孝之所在也。

爲之棺椁、衣衾而舉之，

鄭氏曰：周尸爲棺，周棺爲椁。衣，謂斂衣。衾，被也。舉，爲舉尸内於棺也。○《白虎通》曰：「棺之言完，宜完密也。椁之言廓，謂開廓不使土侵棺也。」按《禮記》：「有虞氏瓦棺，夏后氏塈周，殷人棺椁，周人牆置翣。」則虞夏之時，棺椁之初也。○棺椁之數，貴賤不同。皇侃據《檀弓》以天子之棺四重，謂水、兕革棺、杝棺一、梓棺二。最在内者水牛皮，次外兕牛皮，各厚三寸，爲一重，合厚六寸。又有杝棺，厚四寸，謂之椑棺，言漆之甓甓然。前三物爲二重，合一尺。外有梓棺，厚六寸，謂之屬棺，言連屬内外。就前四物爲三重，合厚一尺六寸。外又有梓棺，厚八寸，謂之大棺，言其最大，在衆棺之外。就前五物爲四重，合厚二尺四寸也。上公去水牛皮，則三重，合厚二尺一寸也。侯、伯、子、男又去兕牛皮，則二重，合厚一尺八寸。上大夫又去椑棺，一重，合厚一尺四寸。下大夫亦一重，但屬四寸，大棺六寸，合厚一尺。士不重，無屬，唯大棺六寸。庶人即棺四寸。案《檀弓》云「栢椁以端，長六尺」，又《喪大記》曰「君松椁，大夫栢椁，士雜木椁」是也。○棺木，油杉爲上，栢次之，土杉爲下。○程子曰：雜書有松脂入地，千年爲茯苓、萬年爲琥珀之説。蓋物莫久於此，故以塗棺，古人已有用之者。○愚按：棺制，擇陰山鐵老油杉木，命匠剜取中心，不拘時日合之，宜直方不宜曲凹，虚簷高足，亦所不取。長短量身大小，約留餘地以放衣衾。蓋屍無不腐，與過寬，寧逼窄；木無不朽，與過文，寧朴質。三樽、雙樽、獨塊，量力爲之，每塊必斲平，合縫處實以生漆，不使嘑隙得走屍氣，取人憎惡。棺内用砂紙琢磨光潔，外用生漆瓦灰，半舊夏布，上下布好，俟燥以銀硃調漆蓋上。硃性燥，辟濕，又除蠹最佳。俗例惑於乘氣之説，棺底不灰不布，貽害匪淺，萬不可從。又有力者用桐油生漆做裹，謂即腐爛，漆殼堅牢，内斂完固。然與做裹，使猪血油漆穢氣侵屍，不如做外，使屍安於香木之更好也。稍有知識，斷宜詳審。又粥於市者，木不擇老嫩，合不論精粗，雜亂補湊，苟且詐僞，無所不至。歲月稍久，與委壑無異。故愚每勸人親自爲櫬。或諉以力不足奈何，予應之曰：盍節作佛事道場之費，取辦於棺，綽有餘力。○司馬光曰：椁雖聖人所制，自古有之。然板木歲久，終歸腐爛。徒使壙中寬大，不能牢固，不若不用之爲愈也。孔子葬鯉，有棺而無椁，又許貧者還葬而無椁。今不欲用，非爲貧也，乃欲保安亡者爾。○愚見近世有用磚砌椁者，此極誤事。人知磚易收水，不知水滲入磚，最不易燥。廳堂磚地，圍牆砌磚，年深日久，花顛潮濕，雖炎暑常潤，其明徵已。況在壙中，無日無風，害不更甚？思圖保護，不若作灰隔之有益也。作灰隔法，穿壙畢，先布細炭末於壙底，築實，厚二三寸。然後布石灰、細沙、黄土拌匀者於其上。灰三分,細沙、黄土各一分,篩拌令匀,以淡酒遍灑之,築實,厚二三寸。别用薄板爲灰隔,納以瀝青塗之,厚三寸許。中取容棺,牆高於棺四寸許,置於灰上,乃於四旁旋下四物,亦以薄板隔之。炭末居外,三物居内,如底之厚。築之既實,則旋抽築板。近上復下炭灰築之,及牆之平而止。衣,謂襲與大小斂之衣也。衾,謂單被,覆尸、薦尸所用。從初死至大斂,凡三度加衣也。一是襲也,謂沐尸竟著衣也,天子十二稱,公九稱,諸侯七稱,大夫五稱,士三稱。襲皆有袍,袍之上又有衣一通,朝祭之服謂之一稱。二是小斂之衣也,天子至士皆十九稱,不復用袍,衣皆有絮也。三是大斂也,天子百二十稱,公九十稱,諸侯七十稱,大夫五十稱,士三十稱,衣皆禪袷也。《喪大記》云:「布紟二衾,君、大夫、士一也。」鄭玄云:「二衾者,或覆之,或薦之。」是舉屍所用也。○愚按:此始死入斂之禮。棺椁衣衾,各如其分,必誠必信,勿之有悔,稍有不然,後嗟無及。又舉父母平日所珍愛器皿悉置棺内,心固可取,然易招發掘之禍。古人每慮及此,斷斷不可。若人子果有是心,於宗族中貧不能自贍者,盡藏而付,聽其運用,未始非親靈之所慰也。又按:斂乃慎終首務,古人之制,爲大小斂也。法誠盡善,爲人子者,必當節無益虚費,竭力踵行,豈可徒事煩文、任意徇俗?吾聞之,君子不以天下儉其親,於此不盡其情，惡乎盡其情？若果無力，萬不得已，有小斂，無大斂，亦可。余每見喪家斂時，塞以黄紙，鋪以灰泥，衣衾惡陋，種種不堪。露其頭面首足，左放葵杖，後放松木，路引佛圖置胸堂，金銀寶玩實空處。既愚且妄，言之痛心。今姑即禮之至當不易者，稍出己意删補，伏冀仁人君子採納焉。○擇親戚及常役使者六人司事，先於所設幃外空處設襲牀，施薦席褥枕，加衣帶等物於其上。俟沐浴竟，執事共遷尸置牀上，悉去病時衣，及復衣，易以新衣，但未著幅巾、深衣、履。徙尸牀，置堂正中，南首。若亡者乃卑幼，則各於其室中間。設奠，執事以桌置脯醢，安於尸東，當肩。主人以下爲位哭。乃飯含。舉哀。盥洗訖，奉含具，主人執箱以入，侍者插匙於米椀，執以從，置於尸右。徹枕，以幎巾入覆於面。舉巾。主人就尸左，由足而向右，牀上坐，東面，舉巾。初飯含，以匙抄米實於尸口之右，并實以一錢；再飯含，以匙抄米實於尸口之左，又實以一錢；三飯含，以匙抄米實於尸口之中，又實以一錢，去絶氣時所楔齒，復位。主人含訖，掩所袒衣，復哭位。侍者卒襲，覆以衾，先加幅巾，次充耳，次設幎目，次納履，次襲深衣，次結大帶，次設握手，次覆衾。厥明，執事者以桌陳小斂衣衾，於堂東北壁下。死者所有衣服，隨宜用之，不必盡用。衾用複者，複用夾，絞用細白棉布爲之。横者三幅，直者一幅。每一幅，兩頭皆折爲三片。横者之長，取足以周身相結；直者之長，取以掩首至足，而結於身中。設奠於阼階東南，設小斂牀於西階之西，施薦席於牀上。席上施褥，鋪布絞，先布横者三幅於褥上，乃布直者一幅於横者上。又於布絞上加衾，衾上加衣，或顛或倒，但取方正，惟上衣不可倒。既畢，乃舉牀斂於户南，遷襲奠於靈座西南，俟設新奠乃去之，遂小斂。侍者盥手畢，男女共扶助舉尸，安於向所設牀上，去枕，舒絹疊衣，以墊其首，仍卷兩端以補兩肩空處。又卷衣以夾其兩脛，取其正方，然後以餘衣掩口掩尸。其衣皆衽向左，爲死結而不爲紐。裹衾，其横直之絞，皆未結開其首，不掩覆衾，又别以衾蓋之。蓋絞未掩面，猶俟其生也。若當天氣暄熱之時，死者氣絶肉冷，決無生理，宜卒斂爲是，掩首結絞於裹衾之下可也，不必俟大斂始爲之。而於大斂條，舉棺入置堂中儀節下，去掩首，結小斂絞。主人西向，主婦東向，憑尸哭擗。執事者徹幃堂，徹襲牀，連牀遷尸於堂中，安於向所置襲牀處。主人降階下，凡與斂之人，皆拜謝之。拜訖，即於階下且拜且踊。執事者盥，舉先所設奠案，升自阼階，置靈前，乃奠。厥明，執事者以桌陳大斂衣衾於東壁下。衣無常數，衾用有綿者一，單者一，絞用布三大幅爲之。横者三幅，通身劈裂爲六片，去其一片，而用五片。直者一幅，裂開兩頭，各爲三片，留其中間三分之一，其長如小斂者。設奠具如小斂儀。執事者遷小斂奠於旁側，舉棺，役者先置兩凳於堂中，少西，舉棺以入，置凳上。置衾之有綿者垂其裔於四外，設大斂牀，牀施薦褥衾絞，如小斂儀。舉置牀右，並列，侍者與子及婦女俱盥，掩首，結小斂絞。侍者盥，安尸於大斂牀，徹小斂牀，乃大斂。子孫婦女及侍者俱盥，掩單被，結絞，先結直者三，後結横者五。結絞畢，子孫婦女及侍者共舉尸，納棺中綿衾内。實生時齒髮，及所剪爪，於棺中四角。又揣其空缺處，卷衣塞之，務令充實，不使摇動。收綿衾之四角垂棺外者，先掩足，次掩首，次掩左，次掩右，令棺中平滿。主人主婦憑棺哭，盡哀，婦人退入幕中，乃召匠加蓋下釘，謝賓，徹大斂牀，設奠。

陳其簠簋，而哀慼之；

鄭氏曰：簠簋，祭器也。陳奠素器而不見親，故哀慼也。○邢昺《正義》曰：《周禮·舍人職》云「凡祭祀供簠簋，實之陳之」，是簠簋爲器也。《檀弓》云：「奠以素器，以生者有哀素之心也。」○吴澄曰：此言朝夕朔望之奠。簠盛稻粱，器外方内圓。簋盛黍稷，器外圓内方。按《士喪禮》，朝夕奠脯醢而已，盛以籩豆；朔月殷奠，始有黍稷，盛以瓦敦。卿大夫祭禮，少牢饋食，亦止用敦盛黍稷。以《公食大夫禮》推之，竊意天子、諸侯之殷奠，乃備黍稷稻粱，而器用簠簋。此所云蓋舉上而言之也。○愚按：此設奠之禮，食器空陳，親容不覩，慘傷之狀，莫斯爲極，宜其哀感之自生也。

擗踊哭泣，哀以送之；

擗，婢亦反。○擗，以手擊胸也。踊，以足頓地也。哭者，口有聲。泣者，目有淚。《檀弓》曰：「擗踊，哀之至也。」○鄭氏曰：男踊女擗，祖載送之。○邢昺《正義》曰：案《問喪》云：「在牀曰尸，在棺曰柩。動尸舉柩，哭踊無數，惻怛之心，痛疾之意，悲哀志懣氣盛，故袒而踊之。婦人不宜袒，故發胸、擊心、爵踊，殷殷田田，如壞牆然。」則是女質不宜極踊，故以「擗」言之。據此女既有踊，則男亦有擗，是互文也。又案《既夕禮》柩車還祖，質明，設遷祖奠，日側徹之，乃載。鄭註云：「乃舉柩却下而載之。」又云商祝飾柩，及陳器訖，乃祖。註云：「還柩鄉外，爲行始。」又《檀弓》云：「曾子弔於負夏，主人既祖。」鄭云：「祖，謂移柩車去載處，爲行始。」然則祖，始也。以生人將行而飲酒曰「祖」，故柩車既載而設奠謂之「祖奠」，是「祖載送之」之義也。○吳澄曰：柩行之時，送形而往，哀其不返。○愚按：此出殯之禮。蓋父母之待子，方在其幼穉，則置諸懷，及其稍長，則坐諸膝，無一刻忍離子者。今我既强壯，惟憑棺椁，相隨道上，聚首無從，呼天蹌地，有不自知其擗踊之所至者矣。

卜其宅兆，而安厝之；

卜，灼龜以視吉凶也。宅，墓穴也。兆，塋域也。厝，猶置也。將置柩於其處，必乘生氣，無地風、水泉、沙礫、樹根、螻蟻之屬，及他日不爲城郭、溝池、道路，然後安。○又卜，惟卜於神，既已示吉，然後開掘，看其土色堅潔光潤，即爲安厝，無煩疑惑。若土黑砂粗，棺易朽爛，骨易消滅，斷不可葬。此則看地之秘訣，敢以爲尋龍者告。○鄭氏曰：葬事大，故卜之。○孔安國曰：恐其下有伏石涌泉，復爲市朝之地，故卜之。按中州土厚水深，不擇猶可。偏方土薄水淺，凡地不皆可葬，苟非其地，尸柩之朽腐敗壞至速，與舉而委之於壑同。孝子之心忍乎？故必決之於神也。○愚意：惟不忍親柩之速朽，故必卜擇安地而後葬，非爲生者也。近世士大夫，以父母屍骸爲富貴根本，窮年累月，覓地尋山。龍穴砂水，有一不合；年月日時，有一不利，必不安厝。或終身不得葬者，有之；或傳之子孫而不得葬者，有之。舉殯之時，竭力裝綴，虚張聲勢；殯出之後，難强支吾。風雨飄零，勿顧也；馬牛蹄觸，勿問也。攢屋傾頹，棺木朽蠹，鮮不爲蠅㰂蟻窠，草長泥擁者矣。蓋富貴不得，而已犯不孝大罪矣。嗟乎！希圖風水，而使父母肢體暴棄沙礫，千態萬狀，令人指摘。苟有仁心，豈無痛隱？若夫聽地師之簧舌，求子孫之隆盛，盜買寒族，偷葬半棺，以强欺弱，聚訟公庭，皆不肖所爲，罪與委壑更甚。至有托於無力，遵從異教，火化焚屍，懸之橋梁，投之潭澗，塞之樹木者，必非人類。何也？飛蛾投火，尚必救之，物命雖微，亦仁所發。今乃舉吾親遺蜕而付之灰燼，百般煅煉，毫勿動心。是上既不畏焚棺之王法，下復不念生我之天親。無法無天，尚可與之同群也乎？凡遇此等，於親族則擯之，於鄰里則遠之，朋友則絶之，路人則化之而已。又禮，天子七月而葬，諸侯五月，大夫三月，士踰月。是葬有定期，無擇日，明矣。今人惑於選擇之説，任意耽延，子以待子，孫以待孫，暴露親屍，視爲常事。嗟乎！一地耳，與化命不合，則不可葬；與生命不合，又不可葬。兩者合矣，或本山坐煞，或朝山向煞，則又不可葬。然則何時而葬可耶？況即以冲剋論，十二支中，各對相冲，犯者大忌。使子孫繁衍，年命數週花甲，太歲同旬，不犯此，則犯彼，是終無葬期矣。試問喪家，誰不合吉？乃興者自興，敗者自敗。人又何爲惑於孤虚旺相，忍致親柩剝落於風雨，蛀爛於蟻蟲耶？亦可省矣。又葬法不同，莫善於三和土，謹以所宜爲同志者告。夫葬以藏爲義，穿壙宜深，灰隔宜實，穴廠宜大，用人宜當。土宜乾，紅黄色者爲佳；灰宜細，大窑青者爲上；烏樟宜嫩，搗爛水浸爲良。拌宜不燥不濕，鋪宜不厚不薄，椿宜不疾不徐。結頂宜厚，砌罩宜寬，圓堂宜緊。墓後宜樹，樹宜松栢；墓前宜平，平宜潔凈。此則葬之大概也。他若告啓期，祠后土，讌賓客，刻誌銘，造明器，力苟有餘，求合於禮，何不可之有。

爲之宗廟，以鬼享之；

鄭氏曰：立廟祔祖之後，則以鬼禮享之。〇邢昺《正義》曰：「立廟」者，即《禮記·祭法》天子至士皆有宗廟，云：「王立七廟：曰考廟，曰王考廟，曰皇考廟，曰顯考廟，曰祖考廟，皆月祭之；遠廟爲祧，有二祧，享嘗乃止。諸侯五廟：曰考廟，曰王考廟，曰皇考廟，皆月祭之；顯考廟、祖考廟，享嘗乃止。大夫立三廟：曰考廟，曰王考廟，曰皇考廟，享嘗乃止。適士二廟：曰考廟，曰王考廟，享嘗乃止。官師一廟：曰考廟。庶人無廟。」斯則立宗廟者，爲能終於事親也。舊解云：宗，尊也。廟，貌也。言祭宗廟，見先祖之尊貌也。「祔祖」，謂以亡者之神祔之於祖也。《檀弓》曰：「卒哭曰『成事』。是日也，以吉祭易喪祭,明日,祔祖父。」則是卒哭之明日而祔,未卒哭之前皆喪祭也。既祔之後,則以鬼禮享之。然「宗廟」謂士以上,則「春秋祭祀」兼於庶人也。○司馬光曰:送形而往,迎精而返,爲之立主,以存其神。三年喪畢,遷祭於廟,始以鬼禮事之。○吴澄曰:初喪至葬,有奠無祭,蓋猶以人禮事之。既葬,迎精而返,乃以虞祭易奠,卒哭而祔於祖。喪畢而遷於廟,始純以鬼禮事之。享者,祭祀神鬼之名。○愚按:此三年喪畢,享祀之禮,立廟祔祖,親魂始妥。然各有定制,不可紊也。吾杭士大夫,服滿有除座之典:親友萃至,各持吉奠,喪家張樂設飲,或命優人演劇,或延僧道誦經,座送道上,烈火焚之。相沿已久,禮法全無。有識之士,當破例守禮,萬勿爲兒女子所惑也。

春秋祭祀,以時思之。

鄭氏曰:寒暑變移,益用增感,以時祭祀,展其孝思也。○司馬光曰:言春秋,則包四時矣。孝子感時之變而思親,故皆有祭。○按《祭義》:「霜露既降,君子履之,必有悽愴之心,非其寒之謂也。春,雨露既濡,君子履之,必有怵惕之心,如將見之。」此春秋祭祀時思之謂也。○吴澄曰:既除喪,每歲四時,感時之變,思親不忘,報本反始,事之如其生存。言春秋，則包四時矣。○愚按：鬼享時思，皆追遠之禮。夫人子之於父母，豈可須臾暫忘？然一發念，嘗若有見，論其平日，固當如是。而於春秋，尤加哀慼。薦其時食，果得親嘗乎？不過藉以展厥心耳。今人於春秋二祭，各提壺挈盒，率其子姓，羅拜於墓，亦一盛事也。烏得以古不墓祭而議之哉？

生事愛敬，死事哀慼，生民之本盡矣，死生之義備矣，孝子之事親終矣。

鄭氏曰："愛敬""哀慼"，孝行之始終也。備陳死生之義，以盡孝子之情。○邢昺《正義》曰：此合結生死之義。言親生，則孝子事之，盡於愛敬；親死，則孝子事之，盡於哀慼。生民之宗本盡矣，死生之義理備矣，孝子之事親終矣。言十八章具載有此義。○司馬光曰：夫人之所以能勝物者，以其衆也。所以衆者，聖人以禮養之也。夫幼者，非壯則不長；老者，非少則不養；死者，非生則不藏。人之情，莫不愛其親，愛之篤者，莫若父子。故聖人因天之性，順人之情，而利導之。教父以慈，教子以孝，使幼者得長，老者得養，死者得藏。是以民不夭折棄捐，而咸遂其生；日以繁息，而莫能傷。不然，民無爪牙羽毛以自衛，其殄滅也，必爲物先矣。故孝者，生民之本也。○吴澄曰：親生，則事之以愛敬；親死，則事之以哀慼。生事皆致其孝，然後足以盡生民之本，備死生之義。民之生也，心之德爲仁，仁之發爲愛。愛親，本也；及人，末也。故孝爲生民之本。義者，宜也。生而愛敬，死而哀慼，理所宜然，故曰「死生之義」。○董鼎曰：人之情，有所愛，而所愛施於所親。一錢之錐，視爲己物，必營護之；一飯之恩，嘗爲己惠，必思報之。「父兮生我，母兮鞠我」，父母之德，較之一飯之恩，孰小孰大？父母之身，比之一錢之錐，孰重孰輕？尚能思報一飯之恩，營護一錢之錐，則所以思報父母，營護父母者，宜知所盡心而竭力矣。「居則致其敬，養則致其樂」，「生事愛敬」也；「喪則致其哀，祭則致其嚴」，「死事哀慼」也。又曰：夫子此書，雖以授曾子，而備言五孝之用，則自天子、諸侯、卿大夫、士、庶人，皆所通行。而爲人上者，又德教之所自出，故一則曰「先王有至德要道」，二則曰「明王以孝治天下」，三則曰「明王事父孝事母孝」；至末章，則亦曰「教民無以死傷生」，又曰「示民有終也」。是則孝者，天地之經，人道之本，誠有天下國家者之所先務也。故雖生事葬祭，貴賤有等，禮不可違。而獨三年之喪，自天子達於庶人，無貴賤，一也。聖人之爲生民慮者，豈不深且遠哉？宰予學於孔門，親受夫子之教，乃曰「期可已」也，又何怪齊宣王之短喪，漢文帝之以日易月，自是而後，習以爲常？爲人上者如此，何以責其下哉？尊信孟子，惟一滕文公，雖其父兄百官皆不欲，曰：「吾先君莫之行，吾宗國魯先君亦莫之行。」三年之喪，能行者寡矣。文公獨有感於孟子「親喪，固所自盡」之一語，排群議而力行之，然後「百官有司莫敢不哀」，「百官族人可謂曰知」，至於四方之來弔者，莫不大悦其有禮。秉彝好德之良心，蓋甚昭昭乎不可泯也。然則感人心、厚風俗，至德要道，何以加於孝哉？○愚按：夫子傳經本旨，固不專責人主。然端風化之本，操表正之權，非君相之責而誰責也？董氏所論，有關治忽，故附識焉。○范祖禹曰：古者葬之中野，厚衣之以薪，喪期無數。後世聖人爲之中制，中則欲其可繼也，繼則欲其可久也，措之天下而人共中焉。聖人未嘗有心於其間，此法之所以不廢也。是故苴衰之服，饘粥之食，顏色之戚，哭泣之哀，皆出於人情。不安於彼，而安於此，非聖人强之也。三日而食，三年而除，上取象於天，下取法於地；不以死傷生，毀不滅性，此因人情而爲之節者也。死者，人之大變也。爲之棺椁者，爲使人勿惡也；擗踊哭泣，爲使人勿忘也。情文盡於此矣，所以常久而不廢也。夫有生者必有死，有始者必有終，生事之以禮，死葬之以禮，祭之以禮，則可謂孝矣。事死如事生，事亡如事存，孝之至也。○愚意：此總結全篇大旨，而申明愛敬爲生事死事之道，所以勉人之愛敬者，亦詳且盡也。

男　飛鵬
　　鳴謙　校對

孝經

孝經集解後跋

先生解經畢，詔飛鵬等前而授之，曰：「汝習舉子業有年矣，知其根本何在？」鵬茫無以應。先生曰：「絶大文章根於六經，絶大事業本於五倫，汝昧之乎？」鵬曰：「雖曾授之過庭，但不能身體力行也。」先生曰：「行道以明道爲先，汝不能行，皆由不能明也。今我以所解《孝經》授汝，汝先讀經文，刻求義理，終有不得，後讀《集解》，一字勿明，不可混過。」鵬跪授，如先生訓。讀之朞月閒，經義了然於心，廼持書拜先生前，請梓行世。先生愀然曰：「孝固盡人當行，然非解説所能家喻户曉也。憶汝未生時，予曾取古今孝行嘉言彙爲一集，展玩默識，以爲行表，愧於汝王父母前，未曾踵行一二。汝母本不解字義，而其奉侍汝王父母者，則先意承志，曲盡其禮也。汝王母遭兵燹之餘，驚疑成疾，卧牀十載，汝母奉侍湯藥，誠禱格天，王母日漸平康。此汝小時事，汝不能記憶，但汝王母没時，汝始悼。汝王父没時，汝已壯有室矣。汝王父易簀，叮嚀授汝以顯父母，汝不記憶乎？予粗知文墨，追溯往事，常慚汝母。由此觀之，能行者不必能言也，何以梓爲？」鵬跪請再三，先生曰：

「孝悌之道，本非予所能私。然予之不欲問世者，良以自問，於汝王父母愛敬有虧。已未出於正，敢正人乎？又竊慚學識淺陋，聖賢經旨，未曾窺見，語多煩亂，言成一家，不足發明正理，適足貽笑大方也。」鵬曰：「鵬母之孝王父母，固根天性，然微大人，烏能曲盡其道如此哉？且經自宋儒先生以來，幾於長夜。今大人是書，鵬雖不能力行，鵬承訓讀後，頗知旨趣。以鵬之愚魯頑鈍，尚有所得〔一〕，則世之聰明穎悟者又當何如也？」先生黯然神傷，隱几不應。弟鳴謙進前謂鵬曰：「大人嘗言聖賢典籍當須流布，有無相通，不可秘而不宣。今以大人言，行大人書可也，何必瀆陳爲？况今皇上孝治天下，士子應舉子業者棘闈試論以探其根本，學人聞是書成，走請者日不勝給，正宜急付梓工以公同志，不必瀆陳也。」爰命剞劂，并走請先生執友爲之序。旹康熙癸酉三月朔男飛鵬百拜謹識。

〔一〕「所得」以下《續修四庫全書》本缺一整板，今據日本國立公文館本補。

圖書在版編目(CIP)數據

孝經集解：外二種 /（清）李之素，（清）冉覲祖，（清）趙起蛟撰；曾振宇，江曦主編；邵妍整理. —上海：上海古籍出版社，2021.2
（孝經文獻叢刊. 第一輯）
ISBN 978-7-5325-9905-9

Ⅰ. ①孝… Ⅱ. ①李… ②冉… ③趙… ④曾… ⑤江… ⑥邵… Ⅲ. ①家庭道德—中國—古代②《孝經》—注釋 Ⅳ. ①B823.1

中國版本圖書館 CIP 數據核字(2021)第 047044 號

孝經文獻叢刊(第一輯)
曾振宇 江 曦 主編
孝經集解(外二種)
（全二册）
［清］李之素 冉覲祖 趙起蛟 撰
邵妍 整理
上海古籍出版社出版發行
（上海瑞金二路 272 號 郵政編碼 200020）
（1）網址：www.guji.com.cn
（2）E-mail：guji1@guji.com.cn
（3）易文網網址：www.ewen.co
上海展强印刷有限公司印刷
開本 850×1168 1/32 印張 23.875 插頁 10 字數 396,000
2021 年 2 月第 1 版 2021 年 2 月第 1 次印刷
印數：1—1,800
ISBN 978-7-5325-9905-9
G·734 定價：128.00 元
如有質量問題，請與承印公司聯繫
電話：021-66366565